钩针与棒针
编织技法大全

（日）美香 优香 著

何凝一 译

河南科学技术出版社
·郑州·

TITLE：[决定版　かぎ針あみと棒針あみの基本]

BY：[ミカ＊ユカ]

Copyright © Shufunotomo Co., Ltd. 2010

Original Japanese language edition published by Shufunotomo Co., Ltd.

All rights reserved. No part of this book may be reproduced in any form without the written permission of the publisher.

Chinese translation rights arranged with Shufunotomo Co., Ltd.,Tokyo through Nippon Shuppan Hanbai Inc.

本书由日本株式会社主妇之友社授权河南科学技术出版社在中国大陆独家出版发行本书中文简体字版本。

版权所有，翻印必究

著作权合同登记号：图字16—2011—043

图书在版编目（CIP）数据

钩针与棒针编织技法大全／（日）美香，优香著；何凝一译. —郑州：河南科学技术出版社，2012.11（2013.6重印）

ISBN 978-7-5349-6012-3

Ⅰ.①钩… Ⅱ.①美… ②优… ③何… Ⅲ.①钩针–绒线–编织–图集②毛衣针–绒线–编织–图集 Ⅳ.①TS935.52–64

中国版本图书馆CIP数据核字(2012)第221767号

策划制作：北京书锦缘咨询有限公司（www.booklink.com.cn）
总 策 划：陈 庆
策　　划：李 伟
版式设计：季传亮

出版发行：河南科学技术出版社
　　　　　地址：郑州市经五路 66 号　　邮编：450002
　　　　　电话：（0371）65737028　65788613
　　　　　网址：www.hnstp.cn
责任编辑：刘 欣
责任校对：柯 姣
印　　刷：天津蓟县宏图印刷有限公司
经　　销：全国新华书店
幅面尺寸：170mm×240mm　　印张：12　　字数：170千字
版　　次：2012年11月第1版　　2013年6月第2次印刷
定　　价：39.80元

如发现印、装质量问题，影响阅读，请与出版社联系。

目录

4

第三章
手工编织的衣物和小物件

——线和针

手工编织时使用的针包括钩针和棒针，编织线则是通用的。下面介绍一些关于线的材质种类、线团的使用方法等基础知识，在开始编织之前可以先了解一下。

手工编织线

◎手工编织线的代表性种类

用于编织的毛线材质丰富多样，除了羊毛线以外，还有其他很多种。不同品牌的毛线，其粗细程度不一，颜色种类也数不胜数。这里只是介绍了几种具有代表性的毛线的种类及特征。

标准毛线	普通平直的毛线，容易编织，种类、粗细、颜色都很多。
仿呢毛线	中间有"结粒"一般的小结块。粗糙的风格非常有魅力。
马海毛线	长绒毛，纤细。轻柔的质感非常吸引人，但也容易打结，一旦编织错误很难拆开。
斯拉夫毛线	用斯拉夫线（粗线）捻合而成的毛线。同一根线中有粗有细。
圈圈毛线	线上缠有一个个小线圈。手感柔软，编织出的针目不显眼。

棉线、麻线
主要用于编织春夏衣物和小物件等，与羊毛线相比稍微难编织一些。

羊毛线
一般都是100%的羊毛线，也有含合成纤维和安哥拉毛等其他材质的。

化纤线
由腈纶、涤纶、尼龙等材料单独制成或混纺而成的线，比羊毛线色泽鲜亮，更耐穿。

◎取线方法

如果使用外侧的线头，线团会来回滚动，编织时不太方便。通常都是从线团中心部位抽出线头。

1 手指伸到线团中间，将中心部位的毛线拉出。

2 毛线不直也没关系，不影响编织效果。

3 从中找出线头。不要拆掉标签，直接开始编织即可。

◎标签的看法

缠在线团的标签上标明了线的性质、特征等重要信息，挑选毛线和编织标准织片时要注意确认。建议将标签保留，之后需要补线时也能作参考。

[批号] 染色时的识别记号，尽量选择同一记号的毛线。即便色号相同而批号不同，颜色也会有微妙的差别。

[品质] 素材名。不同的素材分割不同，务必仔细检查。

[1团线的克数和线长] 依商品种类而异。克数相同，如果线更长的话则表示这种线较细。

[适合的编织针号数] 与毛线粗细度相符的编织针号数。

[标准织片] 用合适的编织针编织出上下针织片即标准织片（见P8）。

[保养方法] 标明了洗涤方法、熨烫的温度等。

编织针、毛线缝针

◎钩针的种类

使用1根钩针进行编织即可。钩针种类分为一端有"钩"的"单头钩针"和两端有"钩"但大小不同的"双头钩针"。双头钩针使用方便，但有时候另一端的钩子反而会钩到织片，对于初学者来说单头钩针更便于使用。从材质来分，一般都是金属制，也有竹制、塑料制和防疲劳的树脂制。建议选择方便拿捏、适合个人习惯的钩针。

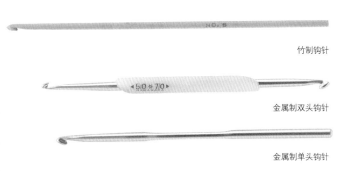

竹制钩针

金属制双头钩针

金属制单头钩针

◎棒针的种类

围巾等往返编织时使用2根棒针，帽子等圆环编织时使用4根、5根棒针或者环形针。一般为了防止针目滑落，都采用顶端带有圆头的"带头棒针"。用"4根棒针"和"5根棒针"也能进行往返编织。各种类型的棒针长度不一，编织尺寸较小的作品时，可以选用短棒针，编织更方便。

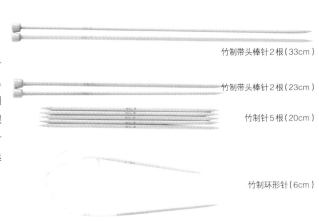

竹制带头棒针2根（33cm）

竹制带头棒针2根（23cm）

竹制针5根（20cm）

竹制环形针（6cm）

◎编织针的粗细

钩针、棒针都是号数越大，针越粗。

钩针
从2\0~10\0号，往后还有7~15mm的特粗针

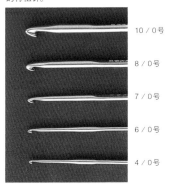

10／0号

8／0号

7／0号

6／0号

4／0号

棒针
0~15号针，往后还有7~20mm的。

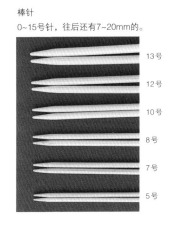

13号

12号

10号

8号

7号

5号

◎毛线缝针

除编织针以外，处理线头和接缝钉缝（见P82、P160）时必须用到毛线缝针。毛线缝针的大针孔方便穿入毛线，针尖比一般的手缝针更圆钝。这种针同样有大小之分，可根据编织线的粗细选择。

※ 图片非实物大小

7

织片

◎线和针的粗细

手工编织中，通常都是粗线配粗针，细线配细针。不论是钩针还是棒针，粗线、粗针编织出的织片尺寸都较大，细线、细针编织的织片都较小。即便是同样的线，用不同的针编织，尺寸大小也会不一样，而即便用同样的针，编织线的粗细不一样，尺寸也是不同的。另外，如果针与线的搭配不合适，也会影响到织片的松紧。

◎标准织片

标准织片是指一定大小（一般是边长为 10cm 的正方形）的织片内所包括的针数与行数。因编织线、编织针的粗细、编织者的手感、编织方法等不同而异。右上图是用粗细不同的线和针编织出的下针 4 针共 2 行，大小的差异就如此明显。编织方法图中多用"○针、○行 = 边长 10cm 的正方形"表示。要想编织出尺寸大小相符的作品，关键在于采用编织方法图指定的编织线，或是同等粗细的线进行试织，从而制作准确的标准织片。编织时要长于 10cm，然后用熨斗熨烫，放置平整，确认针目没有歪斜后再进行测量。标准织片比指定的数字大时可以选用大一号的编织针，反之，可以选用小一号的编织针。

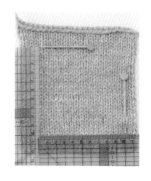

◎其他便利的编织工具

根据不同的编织方法，介绍一些手工编织中的必要用具和便利工具。有些工具可以用编织针和毛线代替，但选择专用的工具会使编织过程更方便。

麻花针
交叉编织中将针目暂时休针时使用。大小各异，根据编织线的粗细进行选择。

橡胶头
套在棒针顶端，防止针目从棒针上滑落。在不带头的 4 根棒针顶端套上橡胶头，就可以进行往返编织了，与用带头的棒针编织没有分别。

针数环、行数环
挂到编织完成的针目中，计算针数和行数时用来做标记。编织螺旋状作品时，编织起点的位置不易把握，可以加上这个环扣，方便实用。

针目计数器
挂到针尖，每织完 1 行后可以计数，即便中途停下来，也能知道编织了几行。

防脱针
为了防止肩部、领口的暂休针散开，可以先扣上防解别针。

小卷尺
测量标准织片和编织线长度时使用，同样可以测量弧线、圆形的尺寸。

第一章

钩针钩织

1-1 钩针钩织的基础知识

钩织之前，先对一些基本用语和规定进行解说，
希望对大家有所帮助。

◎ 针的拿法

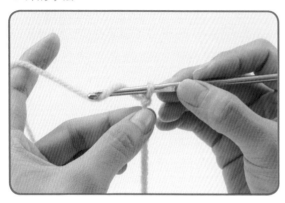

◀ 按照拿铅笔的手势，右手捏住距离针
尖 3cm 左右的位置。钩织时左手捏住织片，
挂线后右手转动钩针。操作时，针尖钩子部
分正面稍稍向下，线挂到针尖后，指尖不要
用力，应一边转动手腕，一边开始钩织。

◎ 挂线方法

将编织线挂到食指上，用小拇指压住，这是基本的挂线方法。不
论使用哪种钩织方法，挂线的方法都是通用的。

1 右手捏住线头，将线挂到小
指上（钩织不顺畅时可以在
小指上缠一圈）。

2 线从手心侧穿过，挂到食指
上。

3 用大拇指和中指轻轻捏住
线，转动右手钩针的同时继
续钩织。

◎ 各部分的名称   要记住钩针钩织图中通用部分的名称哦。

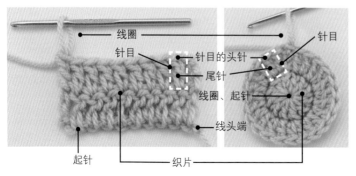

[线圈] 挂在针上的线
[针目的头针] 针目上侧的锁针部分
[尾针] 针目的中央部分
[织片] 钩织完成后，针目聚集成面状
[线头端] 接入线开始钩织的一端
[起针] 起点钩织针目的位置，通常不
        计入行数

◎针数、行数的数法

织片的形状、大小用针数和行数表示。往返钩织时，针数是指横向钩织的针目数，行数则是指纵向钩织的针数。圆环钩织时，针数是指一圈所钩针的针目数，行数则是由中心往外钩织的圈数。

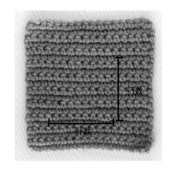

<数法>

行数 3 2 1

针数 5 4 3 2 1

往返钩织

针数是指横向排列的针目数量，从右向左数。行数则是指纵向排列的针目数量，从上往下数。

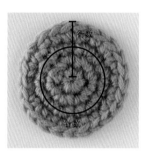

<数法>

针数 12 11 10 9 8 7 6 5 4 3 2 1

行数

4 3 2 1

环形钩织

针数是指圆环一周排列的针目数，逆时针数起。行数则是指用钩针钩织顶端的次数，从中心向外侧数。

◎钩织方法符号图

钩针钩织中，钩织方法通常用下面的符号图表示。钩织方法符号图周围或中间有针数、行数标志、钩织方向等。符号图表示的是"正面看到的状态"。钩针钩织中正反面的钩织方法都相同，不论是看哪一面，按照符号钩织针目即可。

往返钩织

用1根钩针往返钩织而成。单数行钩织到末端后"立起锁针"（见P12），翻到反面，再看着反面钩织偶数行。实际上一般都是从右向左钩织，但正面看起来像是左右往返钩织，因此而得名。钩织围巾等片状织片时，使用此方法。

环形钩织

从中心开始，犹如画圆一般钩织出的织片。一直都是看着正面钩织，不会钩到反面。钩织花样、帽子等半圆形织片时，使用此方法。

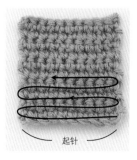

起针

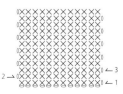

2→ ←3
←1

钩织符号图（短针）
从下方开始，左右往返继续钩织

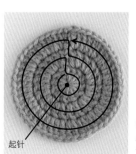

起针

钩织符号图（长针）
从中心开始，逆时针一圈一圈钩织。

◎立起针目

针目高度分为很多种。在开始钩织下面一行之前，先要钩织出与其针目高度相应的锁针数，这个便称为"立起针目"。不论往返钩织还是环形钩织，在进入新一行的钩织之前都要织入立起的针目。除短针以外，立起的针目都算作1针。

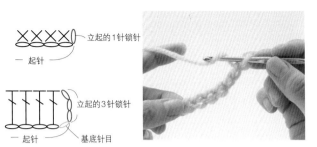

立起的1针锁针
一起针

立起的3针锁针
一起针
基底针目

◎针目高度

比较一下常用针目的高度。从左往右，针目渐渐变高，立起的锁针数也不断增加。钩织短针时，在织完立起的锁针后马上从底部的针目开始钩织。除此之外，底部的针目都作为"基底针目"，要从下面的一针开始钩织。

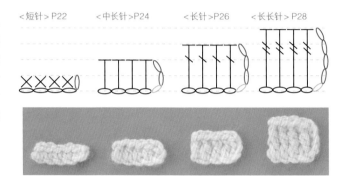

＜短针＞P22　＜中长针＞P24　＜长针＞P26　＜长长针＞P28

◎插入钩针的位置

钩针钩织时，先将钩针插入起针的锁针和上一行的针目中，再进行钩织。钩织的位置、挑针的方法决定了最终成品的样式。

＜锁针的正面和反面＞
锁针钩织分正反面。锁链连接成串的是正面，锁链能看到里山的一面则是反面。

正面

反面　里山

＜钩针插入锁针的位置＞
钩针插入锁针之类的锁针中时，共有三种方法。本书中介绍的是"将锁针针目分开，钩针插入2根线中的方法"，对于初学者来说也比较简单。

＜钩针插入长针、其他针目的位置＞
上一行为短针或长针时，要将钩针插入上方锁针的针目中，然后钩织。这个部分称为"头针"，线从头针的2根线下方穿过。

钩针插入锁针半针和里山的2根线下方。

钩针插入锁针里山1根线的下方。

钩针插入锁针半针1根线的下方。

钩针插入长针头针2根线的下方。

钩针插入短针头针半针1根线的下方。

[1个针目中钩织1针] 将针目的头针或锁针的针目分开，再插入钩针挑线的钩织方法。

    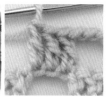

针上挂线，将锁针的针目分隔开，插入钩针后钩织长针。

钩织过程如图所示。

1针长针钩织完成后如图所示。

针目分开，钩织完3针后如图所示。

[成束挑起钩织] 如同将锁针针目包住一般，挑线钩织的方法。

针上挂线，钩针插入锁针下方，从外侧穿出。

挂线后引拔抽出。

1针长针钩织完成后如图所示。

包住针目，钩织完3针后如图所示。

[将尾针挑起] 如同将长针的尾针包住一般，挑线钩织的方法（拉针）。

按照箭头所示，钩针插入上一行长针的尾针中。

挂线后引拔抽出，钩织长针。

钩织完1针长针的拉针后如图所示。

◎实际织片

如果插入钩针的位置不同，会有什么差别呢？我们来比较一下实际的织片吧。

1个针目中钩织1针
针目逐一分开后再钩织。针目的位置固定，花样清晰，形状不易塌下。

成束钩织
将整个锁针挑起钩织，方法简单。锁针的部分与"1个针目中钩织1针"的情况相比，针目高度略低一些。

1-2 起针方法

首先要钩织出必要数量的"针目"，然后开始钩织。这些针目称为"起针"，大多数钩针钩织的起针都是通用的。

锁针起针

◀钩织锁针起针的关键是保持松弛。如果针目过紧，挑针时就比较困难。

1 在距离线头20cm左右的位置将线团端的线拉到内侧，制作出线圈，然后按照箭头所示，引拔后抽出线。

2 从线圈中穿出线后如图所示。

3 用引拔抽出的线制作出线圈，然后穿入钩针，再拉紧线头。

4 拉紧线后如图所示。线团端的线按照图示方法挂到左手（见P10）。

锁针

5 这是基本姿势。用左手的大拇指和中指捏住线头，再按照箭头所示方法挂线。

6 针从线圈中引拔抽出。

步骤6引拔钩织后如图所示。钩针尖稍稍向下，慢慢引拔抽出。

7 钩织完1针锁针后如图所示。

8 重复步骤5~6，钩织必要针数的锁针。

圆环起针（短针）

▲线绕在手指上制作出圆环，然后在其中钩织短针（见P22），在此行的最后将圆环拉紧，钩织引拔针（见P16）。

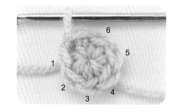

1 距离线头20cm左右的位置在右手食指上缠2圈。

2 食指从圆环中取出，用左手捏住圆环。右手拿钩针，针尖插入圆环的中央。

3 针上挂线，从圆环中引拔抽出。

4 引拔抽出后如图所示。从圆环的外侧将线挂到针上。

5 挂好的线从线圈中引拔抽出。

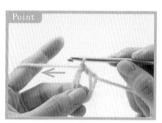

6 引拔抽出后，将左手边的线拉紧。至此，圆环完成。

7 接着钩织1针锁针。此针为立起的锁针（见P12）。

8 完成1针立起的锁针。之后开始钩织短针。

9 针插入圆环中，挂线后引拔抽出。

10 引拔抽出后如图所示。针上挂有2个线圈。从圆环的外侧将线挂到针上。

11 再从针上的线圈中引拔抽出线。

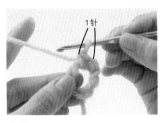

12 钩织完1针短针。

13 重复步骤9~11，钩织必要针数的短针（此处为6针）。立起的针目不算1针。

14 拉动线头，缩紧中央的圆环。钩针插入圆环中，然后顺势拉紧线。线会沿钩针滑动，比较容易缩紧。

15 圆环变小后，针从圆环中抽出。

引拔针 ●

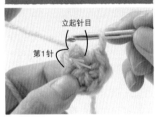

16 钩针插入钩织起点短针的头针中，钩织引拔针。（注意不要插到立起的针目中）

17 针上挂线，从织片和线圈中引拔钩织，称为引拔针。

18 第1行钩织完成后如图所示。

第 2 行的钩织起点

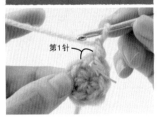

19 接着钩织1针立起的锁针，然后将钩针插入上一行钩织的引拔针中。

20 钩织短针。

21 钩织完1针短针后如图所示。

圆环起针
（长针）

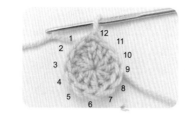

要领与"短针"的相同，只
是最后引拔钩织的位置有
所区别。

1 按照P15步骤1~6的方法，制作
圆环。

2 钩织3针锁针。此为立起的针目
（见P12），算作1针。然后在
针上挂线。

3 挂好线后直接将钩针插入圆环中。

4 挂线后从圆环中引拔抽出。

5 引拔抽出后如图所示。钩针稍
稍上扬，将线拉长，大概达到2
针锁针的高度。

6 从圆环外侧挂线，再从2个线圈
中引拔抽出。

7 引拔抽出后如图所示。

8 再次挂线，引拔穿过针上的所有
线圈。

9 钩织完1针长针后如图所示。
如此重复，钩织出必要针数的
长针。

10 重复步骤3~9，继续钩织长针。

11 钩织出必要针数的长针（此处为12针）后如图所示。在这里，立起的针目也算作1针。

线头端

12 拉动线头，缩紧中央的圆环。钩针插入其中，顺势拉动线。线会沿钩针滑动，比较容易缩紧。

13 圆环缩小后，将钩针从中引拔抽出。

Point

14 之后将钩针插入第3针立起的锁针中。

15 挂线，引拔钩织。引拔针完成。

第 2 行的钩织起点

16 第1行钩织完成后如图所示。

17 钩织3针立起的锁针。针上挂线，需要在此钩织2针（见P57），因此要将钩针插入锁针底部的针目中。

18 钩织长针。

步骤18钩织过程如图所示。

19 在第1行的第1针中，钩织立起的针目和1针长针。

20 接着在上一行的下面一针中钩织2针长针，如图所示。

用锁针进行
圆环起针

用锁针钩织出圆环的形状,中心有孔。

1 钩织必要的针数（此处为6针）。将钩针插入钩织起点的锁针中,然后在针上挂线。

2 从针上的线圈中引拔穿出,钩织引拔针。

3 圆环钩织完成。

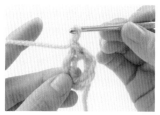

4 钩织1针锁针。此针算作立起的锁针（见P12）。然后钩织短针。

5 钩针插入圆环中,挂线后引拔抽出。

6 从圆环外侧挂线,引拔穿过针上的所有线圈。

7 锁针呈包裹针目的状态,1针锁针钩织完成。重复步骤5~6,钩织必要针数的短针（此处为12针）。立起的针目不算作1针。

立起的针目

第1针

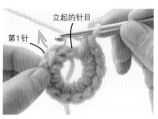

8 钩织完12针后如图所示。将钩织插入最初短针的头针中（注意不要插入立起的针目中）。

9 挂线后钩织引拔针。中间有孔,形成圆环。

在环形皮筋中
钩织起针

不用钩织起针的锁针,而是使用环扣和皮筋,从第1行开始钩织

1 在环形皮筋中钩织。用右手小指捏住线头,左手的大拇指和中指捏住皮筋,再将钩针长针如皮筋中,挂线后引拔抽出。

2 引拔抽出后如图所示。接着从圆环的外侧将线挂到针上,再引拔穿过针上的线圈。

3 引拔钩织完成后如图所示。此针为立起的针目(见P12)。

4 钩针再插入皮筋中,挂线后引拔抽出。

5 从皮筋的外侧将线挂到针上,再引拔穿过针上的所有线圈。

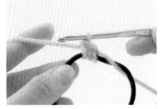

6 钩织完1针短针后如图所示。接着钩织必要针数的短针(此处为24针)。右手拉住线头,钩织3~4针后再放开。

7 钩织一周完成后如图所示。立起的针目不算作1针。然后将钩针插入钩织起点的短针头针中,钩织引拔针。

8 针上挂线后引拔钩织。引拔针完成。

用锁针进行圆环起针后再开始钩织

将锁针的起针绕成圆环，钩织成筒状

1 钩织必要针数的锁针。然后将钩针插入钩织起点的锁针中。注意圆环不要拧扭。

2 针上挂线，再引拔穿过针上的线圈。

3 整个圆环连接好后如图所示。

4 钩织3针锁针。此为立起的针目（见P12）。

5 下面一针钩织长针（见P26）。

6 接着在起针中织入必要针数的长针（立起的针目也算作1针）。

7 钩织完1圈后如图所示。再将钩针插入第3针锁针中。

8 针上挂线后引拔钩织。引拔针完成。

9 第1圈钩织完成后如图所示，形成筒状。再次确认圆环有没有拧扭。

1-3 各种针法的钩织方法

不论是复杂的花样还是可爱的图案，都可以用不同的针法组合而成。
除了一些基本的钩织方法，还包括其他精致独特的针法，在此都将一一介绍。

短针

×

◄钩针的代表性针法之一。针目紧密、结实的织片。

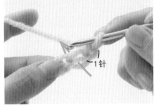

1 钩织1针立起的锁针（见P12）。接着将钩针插入立起针目底部的2根线中。

2 针上挂线，引拔穿过2个线圈。

3 引拔抽出后如图所示。再次在针上挂线。

4 将挂好的线引拔穿过所有线圈。

5 钩织1针短针。然后按照箭头所示，将钩针插入下一针目的2根线中。

短针第 2 行以后

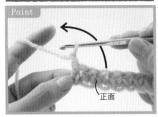

Point

正面

1 钩织至第1行顶端后，在第2行钩织1针立起的锁针。之后按照箭头所示，将织片翻到反面，换到左手。

反面

2 将钩针插入上一行最后短针的头针中。

3 针上挂线，从织片中引拔抽出。

4 引拔抽出后如图所示。

5 在针上挂线，引拔穿过针上所有的线圈。

6 第2行的第1针完成。

7 第2行的钩织终点。将钩针插入第1行钩织起点短针的头针中（注意不要插到立起的针目中）。

8 针上挂线，从织片中引拔抽出。

9 引拔抽出后如图所示。接着在针上挂线。

10 引拔穿过针上所有的线圈。

11 第2行钩织完成后如图所示。第2行之后，注意不要在上一行立起的针目中织入短针，否则针数会不断增加。

中长针

T

◀普通针法之一。织成的织片比长针（见P26）略小，比短针（见P22）的织片更蓬松。

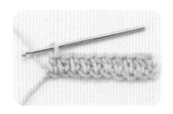

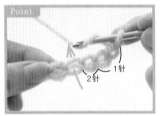

1针
2针

1 钩织2针立起的锁针（见P12）。针上挂线，跳过第1针起针，将钩针插入下一针目中。

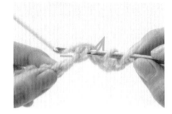

2 针上挂线，从针目中引拔抽出。

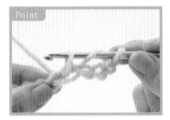

3 引拔抽出后如图所示。钩针稍稍上扬，将线拉长达到2针锁针的高度。

4 针上挂线，引拔穿过针上所有的线圈。

5 钩织1针中长针。包括立起的针目在内，共2针。

中长针第 2 行以后

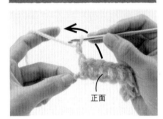

正面

1 第1行钩织至末端后，钩织第2行的2针锁针。按箭头所示方向，将织片翻到反面，换到左手。

反面

2 第2行中长针的钩织起点。

3 针上挂线，将钩针插入上一行中长针的头针中（箭头所示位置）。

钩针插入步骤3的位置。

4 针上挂线，从织片引拔抽出。

5 引拔抽出后如图所示。

6 针上挂线，引拔穿过针上的所有线圈。

7 第2行钩织完1针中长针后如图所示。

8 第2行的钩织终点。针上挂线，钩针插入第1行立起的第2针锁针间，钩织中长针。

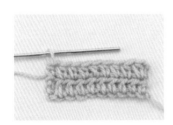

9 第2行钩织完成。

长针

$\mp$

◀与短针、中长针相比，具有一定高度，钩织速度快。织片柔软，适合钩织衣物或小物件。

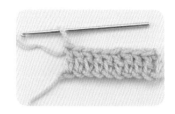

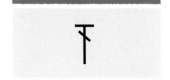

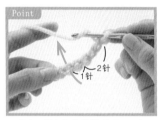

1 钩织3针立起的锁针（见P12）。针上挂线，跳过1针起针，再将钩针插入下一针目中。

2 针上挂线，从针目中引拔抽出。

3 引拔抽出后，钩针稍稍上扬，将线拉长达到2针锁针的高度。接着在针上挂线，引拔穿过2个线圈。

4 引拔钩织后如图所示。

5 再次在针上挂线，引拔穿过针上所有的线圈。

6 钩织完1针长针后如图所示。含立起的针目在内，共2针。

长针第 2 行之后

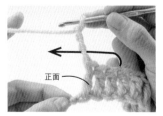

1 第1行钩织至末端后，在第2行钩织3针立起的锁针。按照箭头所示方向将织片翻到反面，换到左手。

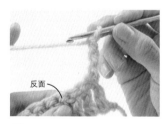

2 第2行长针的钩织起点。

3 针上挂线，钩针插入上一行长针的头针中（箭头所示位置）。

步骤3的钩织过程如图。将长针头针的2根线挑起。

4 针上挂线，从织片中引拔抽出。

5 引拔抽出后，钩针稍微上扬，将线拉长至2针锁针的高度。接着在针上挂线，引拔穿过针上的2个线圈。

6 针上挂线，引拔穿过所有的线圈。

7 钩织完第2行的1针长针。

8 第2行的钩织终点。针上挂线，钩针插入第1行的第3针立起锁针中，钩织长针。

手工钩织·小·贴士

立不起来的"立起针目"

●钩针编织中，各行的起点处都要钩织与此行针目高度相应的锁针，这称为"立起的针目"。钩织的都是一般的锁针，并不是钩织时就呈直立的状态，而是在钩织下面的针目时，才会被拉直竖起来。

●立起锁针的针数由针目的类型决定。短针为1针，中长针为2针，长针为3针，而且随着之后针上的线圈数递增。

27

长长针

1 钩织4针立起的锁针。线在针上缠2圈，跳过起针的第1针，插入下面的针目中。

2 针上挂线，按照箭头所示引拔抽出。

3 引拔抽出后钩针稍微上扬，将线拉长至2针锁针的高度。

4 接着在针上挂线，引拔穿过2个线圈。

5 引拔钩织完成后如图所示。继续在针上挂线，引拔穿过2个线圈。

6 再次在针上挂线，引拔穿过所有的线圈。

7 钩织完1针长长针后如图所示。含立起的锁针在内，共2针。

三卷长针

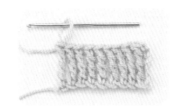

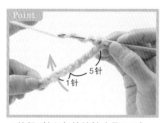

1 钩织5针立起的锁针（见P12）。线在针上缠3圈，跳过第1针起针，插入下面的针目中。

2 钩针插入针目中。

3 针上挂线，按照箭头所示引拔抽出。

4 引拔抽出后钩针稍微上扬，将线拉长至2针锁针的高度。

5 接着在针上挂线，引拔穿过2个线圈。

6 再次在针上挂线，引拔穿过2个线圈。

7 在针上挂线，引拔穿过2个线圈。

8 最后一次在针上挂线，引拔穿过所有的线圈。

9 钩织完1针三卷长针。含立起的针目在内，共2针。

短针的棱针

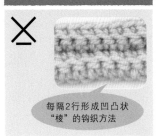

× ×

每隔2行形成凹凸状"棱"的钩织方法

1 将钩针插入上一行短针的头针和外侧的半针（箭头所示位置）。

Point

2 钩针只需插入半针中，钩织短针（见P22）。

步骤2钩织过程。

3 如此重复，下一行之后，每行都将钩针插入上一行外侧的半针中。

短针的条纹针

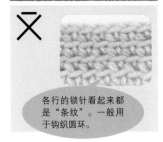

× ×

各行的锁针看起来都是"条纹"。一般用于钩织圆环。

1 钩针插入上一行短针的头针和外侧的半针中。

2 钩织短针（见P22）。

Point

3 将钩针插入短针的头针和外侧的半针中，钩织短针。

步骤3的钩织过程如图所示。如此重复，钩织必要数目的短针。

4 从下一行开始，每行都按同样的方向、同样的方法钩织。通常都要向同样的方向钩织，钩织圆环时常用这种方法，否则每行都要换新线。

中长针的棱针

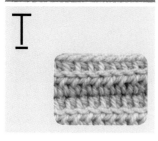

1 针上挂线，钩针插入上一行中长针的头针和外侧的半针中。

2 针上挂线，按照箭头所示引拔抽出。

3 引拔抽出后，钩针稍微上扬，将线拉长至2针锁针的高度。针上挂线，引拔穿过所有线圈。

4 钩织完1针中长针的棱针后如图所示。含立起的针目在内，共2针。

5 如此重复钩织。之后每行都是将钩针插入上一行中长针外侧的半针中。

长针的棱针

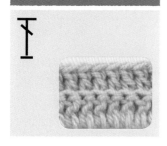

1 针上挂线，钩针插入上一行长针的头针和外侧的半针中。

2 针上挂线，按照箭头所示引拔抽出。

3 引拔抽出后，钩针稍微上扬，将线拉长至2针锁针的高度。在针上挂线，引拔穿过2个线圈。

4 针上挂线，引拔穿过所有的线圈。

5 钩织完1针长针的棱针后如图所示。如此重复钩织。之后每一行都是将钩针插入上一行长针外侧的半针中。

中长针 1 针交叉

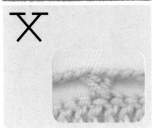

交叉钩织的2针

1 选定交叉钩织2针的位置，然后在左侧针目的头针中钩织中长针（见P24）。

2 针上挂线，按照箭头所示，将钩针插入步骤1针目右侧相邻针目的头针中。

3 针上挂线，从织片中引拔抽出。

Point

4 针上挂线，引拔穿过所有的线圈。将步骤1钩织的针目包住。

5 钩织完中长针1针交叉后如图所示。

长针 1 针交叉

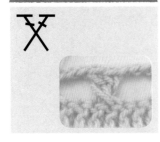

交叉钩织的2针

1 选定交叉钩织2针的位置，然后在左侧针目的头针中钩织长针（见P26）。继续在针上挂线，按照箭头所示，将钩针插入右侧相邻针目的头针中。

2 针上挂线，从织片中引拔抽出。

Point

3 在针上挂线，引拔穿过2个线圈。将步骤1钩针的针目包住。

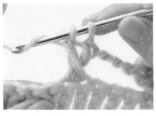

4 再次在针上挂线，引拔穿过所有的线圈。

5 钩织完长针1针交叉后如图所示。

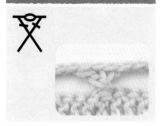

长针1针交叉
（中间钩织1针锁针）

1 选定交叉钩织的位置，在左侧针目的头针中钩织长针（见P26）。

2 钩织完1针长针后如图所示。

Point

3 中间钩织1针锁针。从步骤1钩织的针目向右数2针，钩针插入此针目的头针中，钩织长针。

步骤3钩织过程如图所示。将之前钩织的针目包住。

4 钩织完长针1针交叉后如图所示。

手工钩织·小贴士　　立起针目倾斜，织片歪歪扭扭！

● 钩针钩织圆环时，明明每行的针数都是吻合的，但立起钩织的位置还是会向左右歪斜。这是由于在第1行的终点处钩织引拔针时插入钩针的位置有所偏差，或者是第2行之后，每行第1针的钩织位置有所偏差。请仔细观察右图，进行确认。

● 往返钩织也是同样的道理。仔细研究P22的短针、P24的中长针、P26的长针图片，确认第1针的钩织位置。

钩针插入立起锁针的"下一针"。

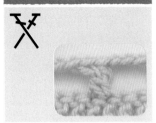

变化的长针1针交叉
（右上）

交叉钩织2针

1 选定交叉钩织2针的位置后，在左侧针目的头针中钩织长针（见P26）。

2 长针钩织完成后如图所示。接着在针上挂线。

3 钩针插入与步骤1针目右侧相邻针目的头针中，然后从步骤1针目的内侧抽出。

4 针上挂线，在步骤1针目的内侧钩织长针。此时注意不要盖到步骤1钩织的针目。

5 钩织完变化的长针1针交叉。

变化的长针1针交叉
（左上）

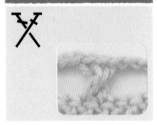

交叉钩织2针

1 选定交叉钩织2针的位置后，在左侧针目的头针中钩织长针（见P26）。

2 长针钩织完成后如图所示。接着在针上挂线，按照箭头所示，从步骤1针目的外侧将钩针插入其右侧相邻针目的头针中。

步骤2钩织过程如图所示。钩织时从内侧绕开步骤1钩织的针目。

3 在步骤1针目的外侧钩织长针。此时注意不要盖到步骤1钩织的针目。

4 钩织完变化的长针1针交叉。

长针2针和1针的交叉

交叉钩织3针

1 选定交叉钩织3针的位置后，在左侧针目的头针中钩织长针（见P26）。接着在针上挂线，从刚才钩织的针目向右数2针，钩针插入此针目的头针中（箭头所示位置）。

2 针上挂线，钩织1针长针。将步骤1钩织的针目包住。

3 长针钩织完成后如图所示。

Point

4 针上挂线，按照箭头所示，将钩针插入之前2针头针的缝隙中，钩织长针。将步骤1钩织的针目包住。

5 完成后如图所示。

长针1针和2针的交叉

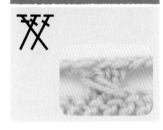

交叉钩织3针

1 选定交叉钩织3针的位置后，在中央针目的头针中钩织长针（见P26）。接着在针上挂线，钩针插入之前针目左侧相邻针目的头针中，钩织长针。

2 钩织完2针长针后如图所示。接着在针上挂线，将钩针插入之前2针右侧相邻针目的头针中，钩织长针。

步骤2钩织过程如图所示。针上挂线，从织片中引拔抽出。

Point

3 引拔抽出后如图所示。将步骤1钩织的2针包住。

4 完成后如图所示。

短针的正拉针

1 按照箭头所示，将钩针插入指定位置的尾针中。

2 钩针插入尾针后如图所示。接着继续钩织短针（见P22）。

步骤2钩织过程如图所示。针上挂线，从尾针中引拔抽出。

步骤2钩织过程如图所示。线稍微拉长一些，接着在针上挂线，引拔穿过所有的线圈。

3 短针的正拉针完成。

短针的反拉针

1 按照箭头所示，将钩针插入指定位置的尾针中。

2 一开始插入钩针后如图所示。接着钩织短针（见P22）。

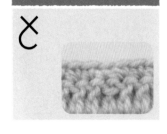

步骤2钩织过程如图所示。从织片的外侧将线挂到钩针上，然后从尾针中引拔抽出。重点是将线稍微拉长一些。

步骤2钩织过程如图所示。接着在针上挂线，引拔穿过针上所有的线圈。

3 短针的反拉针完成。

中长针的正拉针

1 针上挂线后，按照箭头所示将钩针插入指定的位置。

2 钩织插入尾针后如图所示。接着钩织中长针（见P24）。

步骤2钩织过程如图所示。针上挂线后从尾针中引拔抽出。重点是将线稍微拉长一些。

3 再次在针上挂线，引拔穿过所有的线圈。中长针的正拉针钩织完成后如图所示。

中长针的反拉针

1 针上挂线后，按照箭头所示，将钩针插入指定位置的尾针中。

2 一开始从外侧插入钩织后如图所示。接着钩织中长针（见P24）。

钩针在步骤2的尾针外侧。然后从织片的外侧将线挂到针上，从尾针中引拔抽出，钩织中长针。

步骤2的钩织过程如图所示。线稍微拉长一些，接着在针上挂线，引拔穿过所有的线圈。

3 中长针的反拉针完成。

长针的正拉针

1 针上挂线后，按照箭头所示将钩针插入指定的位置。

2 钩针插入尾针后如图所示。接着钩织长针（见P26）。

步骤2钩织过程如图所示。重点是将线稍微拉长一些。

3 长针的正拉针完成。

长针的反拉针

1 针上挂线，按照箭头所示将钩针插入指定的位置。

2 一开始插入钩针后如图所示。接着钩织长针（见P26）。

步骤2钩织过程如图所示。从织片的外侧将线挂在针上，然后从尾针引拔抽出，钩织长针。

步骤2钩织过程如图所示。重点是将线稍微拉长一些。

3 长针的反拉针完成。

长针正拉针的 2针并1针

1 针上挂线，按照箭头所示将钩针插入指定位置的尾针中。

2 钩针插入尾针后如图所示。将线拉长的同时钩织未完成的长针（见P55）。

3 未完成的长针直接挂在钩针上，再挂上线，将钩针插入指定位置的尾针中。

4 钩针插入尾针后如图所示。与步骤2一样钩织未完成的长针。

5 钩织完2针未完成的长针后，在针上挂线，引拔穿过所有线圈。

长针正拉针的 1针放2针

1 针上挂线，按照箭头所示将钩针插入指定位置的尾针中。

2 钩针插入尾针后如图所示。将线拉长的同时钩织长针（见P26）。

3 长针钩织完成后如图所示。接着按指定方法钩织中间的针目。

4 针上挂线，将钩针插入与步骤1相同针目的尾针中。

5 钩针插入尾针后如图所示。之后将线拉长，同时钩织长针。

Y字针

1 线在针上绕2圈，然后将钩针插入上一行针目的头针中，钩织长长针（见P28）。

步骤1的钩织过程如图所示。

2 长长针钩织完成后如图所示。

3 钩织1针锁针。

4 针上挂线，将长长针分开，插入箭头所示的位置，在此位置钩织长针。

步骤4钩织过程如图所示。针上挂线，从长针中引拔抽出。

步骤4钩织过程如图所示。针上挂线，引拔穿过所有线圈。

5 钩织完1针Y字针。

手工钩织·小贴士　　使用的线与指定线不同时

● 有时候会遇到钩织方法图中指定的线脱销或想用其他毛线钩织的情况。这种时候，保持毛线粗细程度的一致非常重要。粗细程度不一，最后成品的尺寸自然会有变化。

● 相较于目测，更推荐参考标签上的"标准尺寸"。虽然一眼看上去很相似，但线的"捻法"多少会有不同。但差别不大时，可以通过变换钩针的号数及手感的松紧度进行调整。

反Y字针

1 线在针上绕2圈，选定钩织反Y字针2针的位置，将钩针插入右侧针目中。

2 针上挂线，从织片中引拔穿出。接着在针上挂线，引拔穿过2个线圈。

3 引拔钩织后如图所示。

4 针上挂线，钩针插入指定的位置。

5 再次挂线，从织片中引拔抽出，钩织1针未完成的长针（见P55）。

6 钩织出2针未完成的长针。然后在针上挂线，从2针未完成的长针中引拔抽出。

7 继续在针上挂线，引拔穿过针上的2个线圈。

8 再次在针上挂线，引拔穿过所有的线圈。

9 反Y字针钩织完成。

长针的十字针

1 线在针上绕2圈，钩织十字针，钩针插入右侧针目的头针中。

2 针上挂线后从织片中引拔抽出，次在针上挂线，引拔穿过针上的2个线圈。

3 钩织出未完成的长针（见P55）。继续在针上挂线。

4 接着在指定的位置用同样的方法钩织1针未完成的长针。针上挂线，引拔穿过2个线圈。

5 再次在针上挂线，引拔穿过2个线圈。

6 再次在针上挂线，引拔穿过所有的线圈。

7 引拔钩织完成后如图所示。接着钩织中间的2针锁针。

8 针上挂线，钩针插入箭头所示位置，钩织长针（见P26）。

步骤8钩织过程如图所示。将2根线挑起，针上挂线后引拔抽出，钩织长针。

9 长针的十字针完成。

中长针3针的枣形针

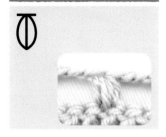

1 针上挂线，钩针插入上一行针目的头针中，挂线后引拔抽出。

2 钩织1针未完成的中长针（见P55）。

3 在同一位置钩织2针未完成的中长针。在针上挂线，引拔穿过所有的线圈。

4 引拔钩织后如图所示。中长针3针的枣形针完成。

长针3针的枣形针

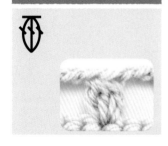

1 针上挂线，钩针插入上一行针目的头针中，挂线后引拔抽出。

2 再次挂线，引拔穿过2个线圈，钩织1针未完成的长针（见P55）。

3 在同一位置钩织2针未完成的长针（钩织完第2针后如图所示）。

4 钩织完第3针后如图所示。然后在针上挂线，引拔穿过所有的线圈。

5 引拔钩织后如图所示。长针3针的枣形针完成。

长针5针的枣形针

1 针上挂线，钩针插入上一行针目的头针中，引拔抽出。

2 再次在针上挂线，引拔穿过2个线圈，钩织1针未完成的长针（见P55）。

3 接着在同一位置钩织4针未完成的长针。在针上挂线，引拔穿过所有的线圈。

4 引拔钩织后如图所示。长针5针的枣形针完成。

中长针5针的爆米花针

1 在上一行针目的头针中钩织1针中长针（见P24）。

2 在同一针目中再钩织4针中长针。

Point

3 暂时将钩针从线圈中抽出，然后插入最初中长针头针的2根线中，之后插入线圈内。

4 按照箭头所示，将线圈从最初中长针的头针中引拔抽出。

5 挂线后钩织锁针，拉紧。中长针5针的爆米花针完成。

长针5针的爆米花针

1 在上一行针目的头针中钩织1针长针（见P26）。

2 在同一针目再钩织4针。

3 暂时将钩针从线圈中抽出，然后插入最初长针头针的2根线中，之后插入线圈内。

4 按照箭头所示，将线圈从最初长针的头针中引拔抽出。

5 针上挂线后钩织锁针，拉紧。长针5针的爆米花针完成。

手工钩织·小贴士

流苏的拼接方法

介绍一下在围巾、披肩两端拼接流苏（线穗）的方法，简单实用。线的长度约为流苏的2倍，准备必要的根数，然后用钩针从正面拼接。

1 钩针插入围巾顶端的针目中。

2 流苏对折出折痕，再挂到钩针上，引拔抽出。

步骤2引拔抽出的过程如图所示。

3 流苏的2根线一起挂在钩针上，引拔抽出线头。

4 长度保持一致，拉紧。所有的流苏拼接完成后，修剪整齐，成同一长度。

反短针

从左向右钩织

1 钩织1针立起的锁针。针目转到内侧，按照箭头所示，将钩针插入上一行针目的头针中。

步骤1插入钩针后如图所示。接着钩织短针（见P22）。

2 钩织完1针反短针后如图所示。

3 钩针插入右侧相邻针目的头针中，钩织短针。

4 如此重复钩织。

短绞针

1 钩织1针立起的锁针，钩针插入箭头所示的位置，挂线后引拔抽出。

2 引拔抽出后如图所示。按照箭头所示方向转动针尖，扭转针目。

步骤2扭转过程如图所示。

3 针目扭转后如图所示。接着在针上挂线，引拔穿过线圈。

4 钩织完1针短绞针。如此重复钩织。

变化的反短针

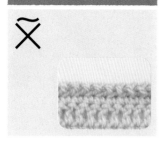

1 钩织1针立起的锁针。针尖扭转到内侧。

步骤1针尖的扭转过程如图所示。然后按照箭头所示插入钩针，针上挂线后引拔穿过所有线圈。

2 钩针插入上一行的针目中（箭头所示位置）。

3 插入钩针后如图所示，钩织短针（见P22）。

4 钩织完1针变化的反短针。

5 钩针从内侧插入右侧相邻针目的头针中。

6 针上挂线。

7 引拔穿过所有的线圈。将钩针插入箭头所示的位置。

8 插入钩织后如图所示。继续钩织短针。

9 钩织完2针变化的反短针后如图所示。重复步骤6~9。

圆环针（短针）

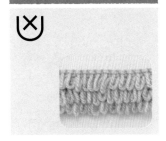

1 钩织1针立起的锁针，再将钩针插入左侧相邻的针目中。线在左手，按照图示方法挂好。

2 按照图示方法，将左手中指的线挂到钩针上。

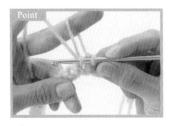

3 挂好的线从织片中引拔抽出。

4 引拔抽出后如图所示。

5 针上挂线，引拔穿过所有的线圈。

6 钩织完1针圆环针。

7 中指从线圈中取出，反面形成圆环。

8 重复步骤1~7。注意圆环的大小要保持一致。

9 钩织完1行圆环针后如图所示。

10 下一行不织圆环针，而是钩织短针（见P22）。

11 在圆环针的下一行钩织短针后，圆环的部分才会稳定。

圆环针（长针）

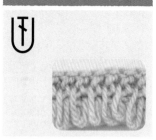

1 钩织3针立起的锁针。织片翻到反面后在针上挂线。

2 钩针插入左侧相邻的针目中。线在左手，按照图示方法挂线。

3 按照图示方法，将挂在左手中指的线再挂到钩针上，然后从织片中引拔抽出。

4 引拔抽出后如图所示。

5 针上挂线，引拔穿过2个线圈。

6 引拔钩织后如图所示。

7 针上挂线，引拔穿过所有的线圈。

8 中指从线圈中取出，反面形成圆环。重复步骤2~8。注意圆环的大小要保持一致。

9 钩织完1行圆环针后如图所示，反面形成圆环。

10 反面。圆环针钩织完成后如图所示。

49

圆环针（应用）

×××

1 钩织1行圆环针（见P48），然后钩织指定针数的立起针目（此处为5针锁针）。

2 钩针插入3个圆环中，注意线圈不要拧扭。

3 针上挂线，引拔穿过3个圆环。

4 钩织短针。然后在针上挂线，引拔穿过所有的线圈。

5 钩织完1针短针后如图所示。

6 再次在步骤5的3个圆环中钩织短针。

步骤6的钩织过程如图所示。

7 钩织完2针短针后如图所示。之后再钩织1针短针。

8 钩织完3针短针后如图所示。

9 将下面3个圆环挂到钩针上，按照同样的方法钩织短针。

狗牙针（3针）

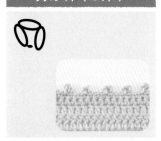

1 钩织3针锁针，然后将钩针插入短针头针内侧的1根线和底部左侧的1根线中。

2 插入钩针后如图所示。

3 针上挂线，引拔穿过所有的线圈。

4 钩织完1针狗牙拉针后如图所示。

手工钩织·小·贴士

各种收边钩织

将各种钩针针法组合成各式收边钩织花样。

枣形针的应用

钩织方法符号图

织入6针

纽扣眼

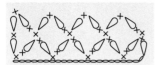

七宝针

一边将针目拉长，一边钩织。重点在于长度要一致，这样钩织出的针目才漂亮。

1 钩织必要针数的锁针起针。再钩织1针立起的锁针，之后拉大线圈。

2 针上挂线，从线圈中引拔穿过。

3 引拔穿出后如图所示。

4 钩针插入之前大线圈的里山中，钩织短针（见P22）。

步骤4钩织过程如图所示。针上挂线，引拔穿过1个线圈。

步骤4引拔抽出后如图所示。

步骤4的钩织过程如图所示。针上挂线，引拔穿过所有的线圈。

5 钩织完1针七宝针。

6 接着钩织锁针，将针目拉大至步骤1中线圈的大小。

7 拉伸线圈后，按照步骤2~4的方法，在其中钩织锁针和短针。

8 钩针插入起针顶端数起的第3针中，钩织短针。

步骤8钩织过程如图所示。针上挂线，从起针中引拔抽出。

9 短针钩织完成后如图所示。重复步骤1~9。

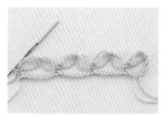

10 钩织完1行七宝针后如图所示。如此重复钩织第2行。

11 钩织第2行。钩织到织片末端后，再钩织3针七宝针。将织片翻到反面，钩针插入箭头所示位置的短针头针中，再钩织短针。

步骤11钩织过程如图所示。针上挂线，引拔穿过2个线圈。

步骤11钩织过程如图所示。针上挂线，引拔穿过所有线圈。

12 短针钩织完成后如图所示。如此重复，继续钩织。

1-4 加针方法、减针方法

增加针目数即称为"加针"，在同一针目中再钩织 2 针以上的针目。

减少针目数称为"减针"，即钩织"未完成的针目"（见 P55），再进行引拔钩织。

加针要点

加针是钩针钩织的必备技法，尤其是从"圆环钩织起针"（见 P15）开始钩织时。

依据加针的位置和针数，织片的形状也会各式各样。下面介绍一些加针的要点。

◎运用加针钩织圆环的方法

从"圆环起针"开始钩织针目时均匀地加针，便能钩织出圆形。为了使加针数和加针位置更明晰，我们用右图的方法将钩织的行数和针数表示出来，希望大家能记住钩织的方法。右图中，第 2~4 行各加了6 针。

◎钩织符号图和表格

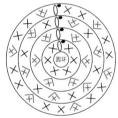

4	24 针
3	18 针
2	12 针
1	6 针

短针1针放2针（见 P56）

◎运用加针钩织出各种形状的方法

即便钩织时从同样的起针开始，如果加针的位置和数量不同，钩织出的形状也各种各样。下面介绍几种形状。

四边形	三角形	六边形

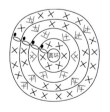		

短针1针放3针（见 P58）

从第3行开始在四个位置、同一方向上增加短针，可以钩织出四边形。

从第3行开始在三个位置、同一方向上增加短针，可以钩织出三角形。

从第3行开始在六个位置、同一方向上增加短针，可以钩织出六边形。

减针要点

减去针目需要钩织"未完成的针目",这是针目最后引拔钩织前的状态。钩织相应的针数,最后一次性引拔钩织后即可。未完成的针目也在替换不同颜色毛线时使用。

◎未完成短针的钩织方法

1 钩针插入上一行的针目中。

2 针上挂线,从织片中引拔抽出。

3 引拔抽出后如图所示,至此未完成的短针钩织完成。

◎未完成中长针的钩织方法

1 针上挂线,钩针插入上一行的针目中。

2 再次在针上挂线,从织片中引拔抽出。

3 引拔抽出后如图所示。至此未完成的中长针钩织完成。

◎未完成长针的钩织方法

1 针上挂线,钩针插入上一行的针目中。

2 针上挂线,从织片中引拔抽出。

3 针上挂线,引拔穿过2个线圈。

4 引拔钩织完成后如图所示。至此未完成的长针钩织完成。

用加减针钩织球形的方法

加针与加针组合后能钩织出多种立体形状。钩织圆环时均匀地加针可以钩织出平面的圆形,如果之后不加针,继续钩织就立起成碗状。然后进行减针,便能钩织出球形。

1 均匀地加针钩织出圆形。

2 之后不再加针,钩织成立体状。帽子就是按照此要领钩织的。

3 继续减针钩织,形成球形。

短针
1针放2针

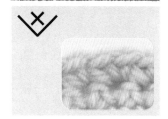

1 钩针插入上一行针目的头针中。

2 针上挂线，钩织短针（见P22）。

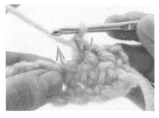

3 钩织完1针短针后如图所示。再将钩针插入步骤1的同一针目中。

4 针上挂线，钩织1针短针。

5 短针1针放2针钩织完成后如图所示。

中长针
1针放2针

1 钩针插入上一行针目的头针中。

2 针上挂线，钩织中长针（见P24）。

步骤2钩织过程如图所示。将线从织片中引拔抽出拉长至2针锁针的高度。

3 钩织完1针中长针后如图所示。针上挂线，将钩针插入步骤1的同一针目中，钩织中长针。

4 中长针1针放2针钩织完成后如图所示。

长针 1针放2针

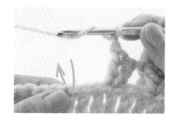

1 钩针插入上一行针目的头针中。

2 针上挂线，钩织长针（见P26）。

步骤2钩织过程如图所示。将线从织片中引拔抽出拉长至2针锁针的高度。

3 钩织完1针长针后如图所示。针上挂线，将钩针插入步骤1的同一针目中，钩织长针。

4 长针1针放2针钩织完成后如图所示。

短针1针放2针（钩织圆环时）

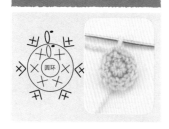

1 钩织1针立起的针目（见P12），然后将钩针插入上面第1行的头针中（箭头所示位置）。

2 钩织1针短针（见P22）。

3 钩织完1针短针后如图所示。再将钩针插入步骤1的同一针目中。

4 钩织1针短针。

5 短针1针放2针钩织完成后如图所示。

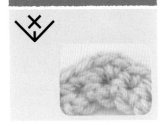

短针
1针放3针

1 钩针插入上一行针目的头针中。

2 钩织短针（见P22）。

3 钩织完1针短针后如图所示。钩针再插入步骤1的同一针目中，钩织2针短针。

步骤3钩织过程如图所示。钩织完2针短针。

4 短针1针放3针钩织完成。

手工钩织小·贴士

通过加减针钩织直角

如P54~55介绍的一样，加针和减针组合之后可以钩织出各种形状。下面介绍一种由"短针1针放3针"和"短针3针并1针"（见P64）间隔数针重复钩织而成的直角山谷连续花样。照此法可以钩织成独特个性的围巾。

织片每行的颜色都不一样，凸显线条带来趣味。

图片为织片的钩织符号图。

中长针 1针放3针

1 针上挂线，钩针插入上一行针目的头针中。

2 钩织中长针（见P24）。

3 钩织完1针中长针后如图所示。针上挂线后，将钩针插入步骤1的同一针目中，接着钩织2针中长针。

步骤3钩织过程如图所示。钩织完2针中长针。

4 中长针1针放3针钩织完成。

长针 1针放3针

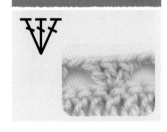

1 针上挂线，钩针插入上一行针目的头针中。

2 钩织长针（见P26）。

步骤2钩织过程如图所示。

3 钩织完1针长针后如图所示。钩针插入步骤1的同一针目中，再钩织2针长针。

4 长针1针放3针完成。

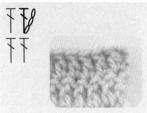

1 钩织3针立起的锁针（见P12），然后将织片翻到反面。接着在针上挂线，钩针插入立起针目底部（箭头所示位置）。

2 钩织1针长针（见P26）。

步骤2钩织过程如图所示。

3 在顶端的针目中钩织完立起锁针、1针长针后，呈1针放2针的状态。

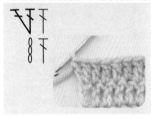

1 在行间左端钩织长针（见P26）。针上挂线，将钩针插入上一行立起的第3针锁针中。

2 钩织完1针长针后如图所示。针上挂线，钩针再插入同一位置，钩织1针长针。

3 长针1针放2针钩织完成。

在顶端加3针以上（长针）

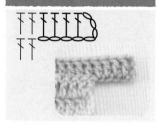

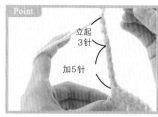

1 在上一行的钩织终点钩织相应加针数的锁针（此处为5针），接着钩织3针立起的锁针（见P12）。

2 织片翻到反面，针上挂线，钩针插入顶端的第5针中。

3 钩织1针长针（见P26）。

4 钩织完1针长针后如图所示。

5 继续钩织3针长针。立起的锁针算作1针，因此共增加了5针。

手工钩织小·贴士

如何让拆过的线恢复原状

钩织错了拆线时，线容易缩成一团，不能直接钩织，用熨斗熨烫便能恢复圆环形状。拉直后再进行钩织。

拆完后如图所示。线拆后，缩成拉面一般。

用蒸汽将线熨平，注意不要将熨斗直接放在线上。

在顶端用另线加3针以上（长针）

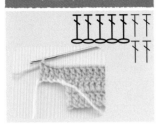

1 用另线钩织锁针，数量比加针数稍多一些。另线与正在钩织的线应是同一类型。

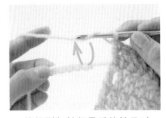

2 钩织到加针行最后的针目时，在针上挂线，将钩针插入步骤1用另线钩织的锁针中。

3 钩织1针长针（见P26）。由于针目不稳定，要用手捏住线的左右两侧。

4 钩织完1针长针后如图所示。接着钩织相应的加针数。

拼接另线钩织的织片

5 另线的线头从毛线缝针中穿过，插入织片顶端的针目中。

6 将毛线缝针插入另线钩织起点的针目中。

7 拉紧线，将毛线缝针从线圈中穿过。

8 将线拉紧。

9 线头从织片中穿过（见P74）藏好。

短针2针并1针

1 钩针插入上一行针目的头针中。

2 钩织未完成的短针（见P55）。

3 钩织插入旁边的指定位置，钩织未完成的短针。

4 钩织完成后如图所示。注意线圈的高度保持一致，在针上挂线，引拔穿过所有的线圈。

5 短针2针并1针钩织完成。

中长针2针并1针

1 针上挂线，钩针插入上一行针目的头针中。

2 钩织未完成的中长针（见P55）。

3 针上挂线后将钩针插入旁边指定的位置，钩织1针未完成的中长针。

4 线圈的高度保持一致，然后在针上挂线，引拔穿过所有的线圈。

5 中长针2针并1针钩织完成。

长针2针并1针

1 针上挂线，钩针插入上一行针目的头针中。

2 钩织完成的长针（见P55）。

3 钩织完1针未完成的长针后如图所示。将钩针插入旁边指定的位置，再钩织1针未完成的长针。

4 针上挂线，引拔穿过针上所有的线圈。

5 长针2针并1针钩织完成。

短针3针并1针

1 钩针插入上一行针的头针中。

2 钩织未完成的短针（见P55）。

3 钩织完1针未完成的短针后如图所示。将钩针插入旁边指定的位置，接着织入2针未完成的短针。

4 钩织完3针未完成的短针后如图所示。针上挂线，引拔穿过所有线圈。

5 短针3针并1针钩织完成。

中长针3针并1针

1 针上挂线，钩针插入上一行针目的头针中。

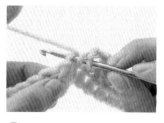

2 钩织未完成的中长针（见P55）。

3 钩织完1针未完成的中长针。然后在针上挂线，钩针插入旁边指定的位置，再钩织2针未完成的中长针。

4 钩织完3针未完成的中长针后如图所示。针上挂线，引拔穿过针上所有的线圈。

5 中长针3针并1针钩织完成。

长针3针并1针

1 针上挂线，钩针插入上一行针目的头针中。

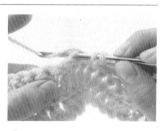

2 钩织未完成的长针（见P55）。

3 钩织完1针未完成的长针后如图所示。将钩织插入旁边指定的位置，再钩织2针未完成的中长针。

4 钩织完3针未完成的长针后如图所示。针上挂线，引拔穿过所有的线圈。

5 长针3针并1针钩织完成。

右端长针2针并1针

1 在上一行的钩织终点处钩织2针立起的锁针（见P12），再将织片翻到反面。然后在针上挂线，把钩针插入箭头所示位置。

2 钩织1针未完成的长针（见P55）。

3 针上挂线，引拔穿过所有线圈。

4 在右端钩织完长针2针并1针后如图所示。

左端长针2针并1针

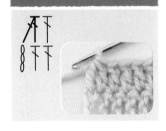

1 钩织到距行末端往内侧数2针的位置。将钩针插入下一针目中。

2 钩织1针未完成的长针（见P55）。

3 针上挂线，钩针插入上一行立起（见P12）的第3针锁针中。

4 钩织1针未完成的长针。在针上挂线，引拔穿过所有的线圈。

5 在左端钩织完长针2针并1针后如图所示。

在右端减3针以上（引拔针）

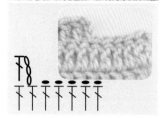

1 不钩织立起的针目（见P12），将织片翻到反面。

2 钩针插入顶端针目的头针中，钩织引拔针（见P16）。

3 引拔钩织后如图所示。

4 如此重复，钩织与减针数相应的引拔针。

5 用引拔针减针后钩织立起的锁针，此处为3针。立起的针目计作1针。

在右端减3针以上（渡线）

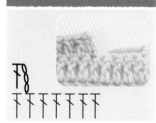

Point

1 进入下一行钩织之前，先取出针，拉大线圈，把线团从圈中穿过。

2 拉动线团，缩紧针目。

3 跳过与减针数相应的针目，在钩织立起针目（见P12）的位置插入钩针。

4 在织片的反面渡线，然后在针上挂线，钩织1针后拉紧。

5 钩织立起的针目（此处为3针锁针）。穿引的渡线不要拉太紧。

1-5 换线方法和换色方法

掌握换线方法，便于在钩织横条或竖条花样时在途中变换颜色。
编织线用完时也需用同样的方法接入新线，一定要在顶端的针目中替换。

每两行替换颜色（短针）

在偶数行每隔2~4行换线时，不用剪断线，渡线钩织。

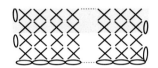

1 换色之前的最后一针钩织未完成的短针（见P55）。将新线挂到钩针上，引拔穿过所有的线圈。

2 引拔钩织完成后如图所示。上一行的线暂时停下。

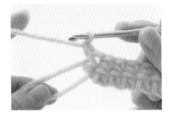

3 钩织1针立起的锁针（见P12）。

4 织片翻到反面，钩织短针（见P22）。

5 接着钩织2行短针。

6 第4行最后的针目。顶端钩织未完成的短针。

7 将之前停下的线挂到钩针上，引拔穿过所有的线圈。

8 织片顶端编织线呈纵向横渡的状态。穿引的渡线不要拉得太紧。

每两行替换颜色
（长针）

穿引的渡线较长，不要拉得太紧。

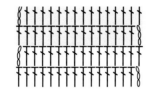

1 换色之前的最后一针钩织未完成的长针（见P55）。接着将新线挂到钩针上，引拔穿过针上的所有线圈。

2 引拔钩织后如图所示。上一行的线暂时停下。

3 钩织3针立起的锁针（见P12）。

4 将织片翻到反面，钩织长针（见P26）。

5 接着钩织2行长针。

6 第4行最后的针目。针上挂线，钩针插入上一行立起的第3针锁针中。

7 针上挂线。此时将之前停下的线一同挂到钩针上，引拔穿过针上的2个线圈。

8 将下一行要钩织的线挂到钩针上，引拔穿过所有线圈。

9 织片顶端编织线呈纵向横渡的状态。穿引的渡线不要拉得太紧。

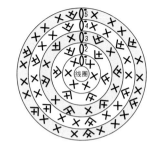

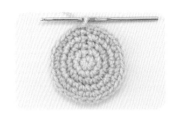

1 第2行的钩织终点。钩针插入钩织起点短针的头针中。注意不要插入立起的针目中（见P12）。

2 新线挂到钩针上，引拔穿过所有的线圈。

3 引拔钩织后如图所示。上一行的线暂时停下。

4 钩织1针立起的锁针，再钩织1行短针（见P22）。

5 第3行的钩织终点。钩针插入钩织起点短针的头针中。

6 插入钩针后如图所示。

7 将之前停下的线挂到钩针上，引拔穿过所有线圈。反面的渡线不要拉得太紧。

8 引拔钩织后如图所示。

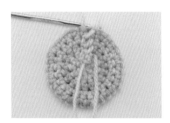

※ 反面如图所示。渡线呈倾斜状态。

每行替换颜色
（用长针钩织圆环）

与短针一样，在钩织上一行终点处的针目时换线。

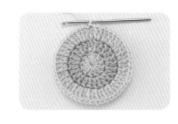

1 第1行的钩织终点。钩针插入起点处立起的第3针针目中（见P12），再将新线挂到针上，引拔穿过所有的线圈。

2 引拔钩织后如图所示。上一行的线暂时停下。

3 第2行的钩织终点。钩针插入钩织起点立起的第3针锁针中。

4 将之前停下的线挂到针上，再引拔穿过所有的线圈。反面的渡线不要拉得太紧。

5 引拔钩织后如图所示。

※ 反面如图所示。渡线呈倾斜状态。

手工钩织小·贴士

多色钩织

● 钩织彩色横条花纹时，需要一边进行多种配色一边钩织，织片中会同时出现颜色众多的线团。毛线很容易缠到一起，不要嫌麻烦，每次换线时都要加以注意。

● 钩织花样时，如果一行中有多种颜色，反面就会出现多个线头。看起来比较混乱，但还是推荐放到最后一起处理。虽然费事，但各个部分都有差异，处理线头时要尤为仔细。

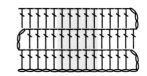

1 在换线的位置的前一针中钩织未完成的长针（见P55）。接着把新线挂到针上，引拔穿过所有线圈。

2 引拔钩织后如图所示。

3 用新线钩织长针（见P26）。之前钩织的线暂时停下。钩织长针至指定位置。

4 再次替换新线。在前一针中钩织未完成的长针，再将下面要钩织的线挂到针上，引拔穿过所有线圈。

5 引拔钩织后如图所示。

6 用新线钩织长针。之前钩织的线暂时停下。

7 第1行钩织至末端后，再钩织3针立起的锁针，接着钩织下一行。

8 在换线位置的前一针中钩织未完成的长针，然后将之前停止的线挂到钩针上，引拔穿过所有的线圈。

9 引拔钩织后如图所示。下面一行的线纵向穿渡。注意穿引的渡线不要太紧。

10 继续钩织长针。

11 隔数针换色钩织后如图所示。

※ 反面如图所示。

短针的情况

短针与长针的方法一样，在配色位置的前一针钩织未完成的短针（见P55），
接着引拔抽出线后换上新线。

※ 隔数针换色钩织后如图所示。

※ 反面如图所示。

手工钩织小·贴士

简单轻松变换尺寸

●变换钩织作品尺寸最简单的方法就是变换线和针的粗细。想要作品小一些时，可以选用细的线和针。相反，想要大一些的话，就选择粗一些的线和针。用同种方法实际尝试一下，测量好标准织片的尺寸后再进行调整。

●不过这种变换幅度只在10%~20%左右。如果要将成人尺寸换成儿童尺寸，变化的幅度较大，对于初学者来说有些困难，必须重新制作钩织图。找到与尺寸相应的钩织图，问题就迎刃而解了。

1-6 钩织终点线头的处理方法

使用毛线缝针进行处理，这是各式针法都可采用的处理方法。
建议在所有部分都钩织完成后，再处理线头。

往返钩织中处理线头的方法

在反面处理线头，不影响正面美观。

1 钩织完成后，留出15cm的线头，剪断线。然后在针上挂线，从最后一针的线圈中引拔抽出。

2 拉紧线。

3 线头从毛线缝针中穿过，再穿入织片反面的多个针目中。

4 转换毛线缝针的方向，再穿一次。用多色线钩织时，线头都穿到同色系的织片反面。

5 剪断线头。

手工钩织小·贴士

如何将毛线顺利地穿入毛线缝针中

毛线缝针的针眼较大，但要将毛线头从中穿过也绝非易事，可以参照右侧方法。

1 将一定长度的毛线挂在毛线缝针上对折，勒出印痕。

2 直接从针上取下来，将对折好的毛线穿入针眼中。

圆环钩织中线头的处理方法

用多色线钩织时, 将线头穿到同色系的针目中。

1 钩织完成后, 留出15cm的线头, 剪断线。然后在针上挂线, 从最后一针的线圈中引拔抽出。

2 拉动线, 缩紧针目。

3 线头从毛线缝针中穿过, 再穿入织片反面的针目中。先纵向穿入。

4 再横向穿过数针。将线头穿到同色系的织片反面。

5 剪断线头。

6 其他线头也按同样的方法处理。

7 线头一定要穿到同色系的织片反面。

8 再次拉动钩织起点的线, 缩紧圆环后穿入1周半的针目中。

75

接缝方法和钉缝方法

1-7

行与行之间的拼接方法称为"接缝",针与针之间的拼接方法称为"钉缝"。即便是同样的技法,拼接的位置不同称呼的方式也各异,比如"锁针接缝"、"锁针钉缝"等。

锁针接缝

◀使用钩织接缝的方法,针目较松弛,适合花边状的织片。短针钩织的部分也有用引拔针拼接的情况。需要较多的线,最好用新线。

反面

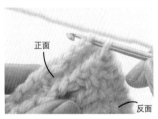

正面

反面

1 2块织片正面相对合拢,钩针插入起针端的针目中。

2 在距离线头20cm左右的位置将线挂到钩针上,再引拔抽出。

3 钩织1针锁针,拉紧线头。

4 在同一位置插入钩针,钩织短针(见P22)。

5 钩织3针锁针。在大约为3针锁针长度的位置插入钩针,然后钩织短针。

步骤5钩织过程如图所示。

6 短针钩织完成后如图所示。

7 接着重复钩织3针锁针、1针短针。锁针的针数根据织片的长度调节。

※ 重复钩织2针锁针、1针短针后如图所示。针迹漂亮而整齐。

卷针缝接缝

使用毛线缝针卷针缝的方法。
针脚结实,相对醒目,适合在拼
接小物件时使用。

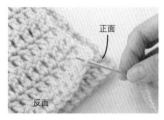

正面

反面

1 可以使用钩织起点的线头,但
长度必须是缝合部分长度的3
倍。将2块织片正面相对合拢,毛
线缝针插入其中一块织片起针端
的针目中。

2 毛线缝针再插入2块织片起针
端的针目中。

3 拉紧线。

4 顶端的针目分开挑针,同时卷
针缝。

步骤4卷针缝过程如图所示。织片
的行与行对齐后插入针。

5 从正面看如图所示。针目过松
会比较显眼。

手工钩织小贴士

通过接缝和钉缝的方法改变作品的完整度

● 接缝和钉缝是决定作品的重要步
骤。方法有很多种,要根据使用的场
所、织片的种类等选择最合适的。
● 一般来说,缝合线要与织片的颜
色相同,选择细一些的线或将粗线
分细一些,效果会更好。

● 使用毛线缝针时,缝合线的长度
必须是缝合部分长度1.5~3倍。过
长的线容易散开、起球,最长为
60cm,不要超过此长度。

使用毛线缝针接缝,针脚结实紧密不显眼,衣物侧边和袖隆一般都采用这种缝法。事先要在钩织起点留出线。

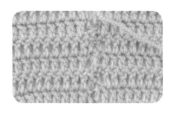

1 织片正面左右排列放好,交替挑针接缝。线的长度为缝合部分的3倍。从毛线缝针中穿过后,将左右起针的锁针挑起。

2 从起针的锁针中穿过。

3 将顶端长针的针目分开,挑起横向穿引的渡线。

步骤3挑针接缝的过程如图所示。

步骤3左右织片行间的位置对齐后,交替挑起。

4 挑起后如图所示。

5 拉紧线。

引拔针钉缝（整针）

使用钩针钩织引拔针,同时进行钉缝的方法,常用于钉缝肩部。钩织终点处要预先留出线,长度约为缝合部分的5倍。

1 2块织片正面相对合拢,钩针插入最终行针目的头针2根线中。接着在针上挂线,引拔穿过所有线圈。

正面
反面

2 引拔钩织后如图所示。

3 针上挂线,引拔穿过线圈后拉紧。

4 最终行针目的头针对齐,钩针同时插入2块织片顶端的针目中。

5 针上挂线,引拔穿过所有的线圈。

6 引拔钩织后如图所示。

7 钩针插入最终行下面的针目中。

8 如此重复,用引拔针缝合至末端。

9 钉缝后如图所示。

引拔针钉缝（内侧半针）

与P79整针的钉缝方法相比，这种钉缝的针目不厚，适合粗线使用。钩织终点处要预先留出线，长度约为缝合部分的5倍。

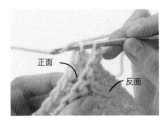

正面　反面

1 2块织片正面相对合拢，钩针插入最终行各自针目头针内侧的半针1根线中。接着在针上挂线，引拔穿过所有线圈。

2 引拔抽出线后如图所示。

3 针上挂线，再引拔穿过线圈。

4 引拔抽出线后如图所示。再拉紧线。

5 2块织片最终行的针目对齐，将各自内侧半针的1根线挑起后插入钩针。之后挂线，引拔穿过针上所有的线圈。

6 引拔钩织后如图所示。

7 如此重复，用引拔针将内侧的半针钉缝，直至末端。

8 引拔针针脚如同叠加在最终行之上。

9 钉缝缝合后如图所示。与整针引拔钉缝相比，针脚较薄。

卷针缝钉缝（整针）

◀用毛线缝针卷针钉缝的方法。钉缝的针目可以作为装饰亮点。钩织终点处要预先留出线，长度约为缝合部分的4倍。

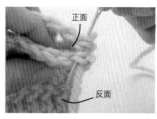

正面
反面

1 线头从毛线缝针中穿过。2块织片正面相对合拢，毛线缝针从各自顶端针目的头针2根线中穿过，共2次。

2 拉紧线。

3 织片最终行的针目对齐，毛线缝针插入针目的头针中，逐一卷针缝。

4 钉缝缝合后如图所示。

卷针缝钉缝（半针）

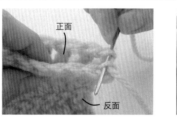

正面
反面

1 线头从毛线缝针中穿过，2块织片正面相对缝合，将各自顶端针目内侧半针的1根线挑起。

2 毛线缝针插入顶端的针目中，共2次，再拉紧线。

3 将各自的下一针目和针目内侧半针的1根线挑起，拉紧线。

4 如此重复，逐一卷针缝直至末端。

5 与整针卷针缝相比，针脚较薄。

1-8 花样的拼接方法

分为在所有花样钩织完成后拼接和边钩织边拼接的方法。可以使用毛线缝针和钩针，根据不同的花样进行选择。

钩织完花样后用毛线缝针拼接的方法。首先确定纵向与横向，向同一方向拼接之后，再向另一方向拼接。

预留出缝纫线，长度约为缝合部分的4倍，穿入毛线缝针中。

1 2块花样正面朝上纵向放好，从右端开始拼接。毛线缝针插入各自顶端针目头针的2根线中，共2次。

2 拉紧线。

3 2块织片最终行的针目对齐，将针目的头针挑起后插入毛线缝针。

4 拼接至花样末端后如图所示。

5 接着再放好2块，按照步骤1~4的要领拼接。中央的接缝针脚需要斜着渡线。

6 顶端的针目穿2次。

7 4块花样两两拼接后如图所示。继续拼接必要块数的花样。

8 变换织片的方向，从右端按照步骤1~6的要领拼接。

9 线与之前的拼接线在中央交叉。

10 继续挑针，同时拼接至末端。　　11 拼接完成后如图所示。

手工钩织小·贴士

钉缝针脚作为装饰

● 卷针缝钉缝是钉缝针脚较显眼的方法。如果运用
好这一点，也能让它成为设计的亮点。
上面的手提包用3种颜色钩织而成，使用其中1种进
行钉缝。为了突出钉缝针目，重点在于避免相同颜
色的重叠。
● 下面的围巾中央选用颜色对比强烈的底色，整体
感觉就一下子明亮起来。即便没有嵌入花样或每行
配色，也极为靓丽，是十分新颖抢眼的设计。

用引拔针拼接

所有的花样钩织完成后,用钩针拼接的方法。首先确定纵向与横向,向同一方向拼接之后,再向另一方向拼接。反面比较厚,适用于编织手提包等小物件。

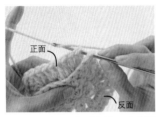

1 2块花样正面相对合拢,钩针插入顶端针目的头针中。针上挂线后从织片中引拔抽出。

2 针上挂线,钩织1针锁针。

3 将线拉紧。

4 最终行的针目对齐,钩针插入针目的头针中。在针上挂线,引拔穿过所有的线圈。

5 引拔钩织后如图所示。

6 如此重复,拼接至花样末端。

步骤6钩织过程如图所示。逐一引拔钩织、拼接。

7 再准备2块,直接拼接。

8 4块花样各有一边拼接,完成如图所示。

9 变换织片的方向，再向另一个方向拼接。

10 2块花样正面相对合拢，钩针插入顶端的针目中。针上挂线后，从织片引拔抽出。

11 钩织1针锁针，拉紧线头。

12 最终行的针目对齐，钩针插入针目的头针中。在针上挂线，引拔穿过所有线圈。

13 引拔钩织后如图所示。如此重复，拼接至花样的末端。

14 拼接到花样中央时如图所示。

15 接着将钩针插入2块花样顶端的针目中。在针上挂线，从织片中引拔抽出。

16 引拔抽出后如图所示。如此重复，钩织至花样末端。

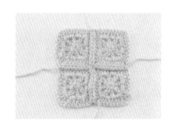

17 4块花样拼接好后如图所示。

边钩织花样边拼接

从第2块花样的最终行开始,一边与上一块花样拼接一边钩织。拼接方法和拼接顺序因花样的钩织方法不同而各有不同。在此介绍通常使用的锁针和短针拼接方法。

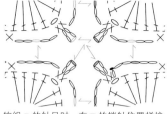

钩织🔴的针目时,在⭕的锁针位置拼接

1 一边钩织第2块花样的最终行,一边拼接。在拼接之前,先在拼接位置钩织指定针数的锁针。

2 在拼接位置将第1块花样的锁针圆弧部分成束挑起(见P13)。

3 针上挂线,引拔穿过所有的线圈。

4 引拔钩织后如图所示。继续钩织指定针数的锁针。

5 钩针插入第2块花样中。

6 针上挂线,钩织短针(见P22)。

7 钩织出指定针数的锁针。

8 在拼接位置将第1块花样的锁针圆弧部分成束挑起。

9 针上挂线,引拔穿过所有的线圈。

86

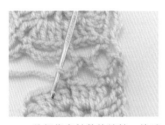

10 钩织指定针数的锁针，然后在第2块花样中钩织短针。

11 如此重复，拼接至花样末端。

12 一边拼接最终行，一边钩织后如图所示。采用同样的方法拼接第3块。

13 3块拼接好后再接入第4块。从顶端按照步骤1~11的方法钩织。

14 中央部分。钩针插入箭头所示位置。

15 针上挂线，引拔穿过所有的线圈。

16 钩织锁针，接着边钩织花样边拼接。

17 拼接完成后如图所示。

换一种线，换一种感觉

普通粗型仿呢毛线

甜美型的斯拉夫毛线

中细标准线

木质感的标准线

绒毛马海毛线

● 变换线的种类和粗细程度后，不仅花样的大小会有所改变，而且呈现出的感觉也完全不同。
● 在此用各种毛线钩织出P179花样围巾的四方形花样进行对比。所用毛线，既有粗糙古朴、乡村田园风格的，又有淑女气质浓烈、纤细风格的。
● 通过变换不同的毛线，制作出属于自己的原创作品，更突出手工编织的乐趣，大家一定要试试看。但要注意，换线会对尺寸的大小有影响。

第二章
棒针编织

2-1 棒针编织的基础知识

为了更好地掌握棒针编织，我们将对一些基本用语、编织图的辨识及规定等进行详细解说。希望大家在制作之前先读一读，相信会有不小的帮助。

◎ 棒针的拿法

◀棒针分为2根和4根等（见P7），基本的拿法都一样。左右手各持一根针，捏住距离针尖5cm左右的位置。

双手持针，通常是从右向左编织。编织时指尖和肩部不要用力，两根针尖上下摆动。一开始不太容易将线从线圈中引拔抽出来，习惯后编织起来就会比较顺利了。

◎ 挂线的方法

下面介绍挂线的方法。将线挂在食指上，用小拇指压住。

记住基本的挂线方法即可，无论哪种编织方法，挂线方法都是通用的。

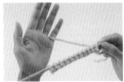

1 将距离棒针20cm左右的地方挂到左手的小指上（如果感到不方便，可以再在小指上缠一圈）。

2 线从掌心拉过来，挂到食指上。

3 左手捏住挂有线的棒针，右手捏住另一根棒针。两手配合摆动，将针目移到右针。

◎ 各部分的名称

记住棒针编织图中共有部分的名称会让您编织更顺畅。

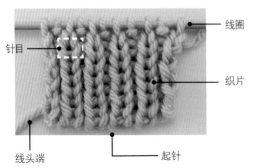

- 针目
- 线圈
- 织片
- 线头端
- 起针

[线头端] 第2行的编织起点处。因带有线头而得名。
[线圈] 挂在棒针上的毛线。由中间抽出线，编织针目。
[织片] 编织完成后，针目聚集成片状。
[起针] 起点编织针目的位置。通常算作第1行。
[渡线] 针目与针目之间穿引的线。

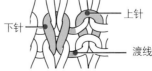

- 下针
- 上针
- 渡线

◎针数、行数的数法

针数是指横向排列的针目数，从右向左数。

行数则是指纵向排列的针目数，从下往上数。

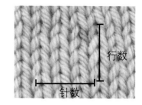

<数法>

行数

3

2

1

针数

3　2　1　针数

◎织片和编织方法符号图

棒针编织中，编织方法用以下的符号图表示。1个方格代表1针，纵向的1个方格代表1行。符号图周围有针数和行数的标志、编织方向等。符号图表示的是"从正面看到的状态"。往返编织中奇数行从正面编织时可参照符号，但如果是偶数行从反面编织时，要将下针换成上针。请参照下述方法。

往返编织

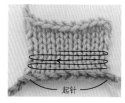

用2根棒针进行往返编织。每行编织到末端后翻到反面，偶数行要看着反面编织。实际通常都是从右向左编织，但从正面来看，的确是不断地左右往返编织，因此这种方法称为往返编织。适用于编织围巾等片状作品。

起针

通常的编织方法符号图（正针）

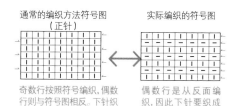

实际编织的符号图

奇数行按照符号编织，偶数行则与符号图相反。下针织上针，上针织下针。

偶数行是从反面编织，因此下针要织成上针。

圆环编织

用环形针或四根棒针编织成圆环状。不需要看着反面编织，只需一直看着正面编织即可。适用于编织帽子等筒状作品。

通常的编织方法符号图（正针）

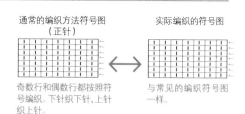

实际编织的符号图

奇数行和偶数行都按照符号编织。下针织下针，上针织上针。

与常见的编织符号图一样。

◎各种织片及其符号图

符号图

符号图

下针编织

也称作上下针编织、正针编织。单一由下针（见P102）排列而成。翻到反面即是上针。

上针编织

也称反上下针编织。单一由上针（见P103）排列而成。翻到反面即是下针。

符号图

符号图

符号图

平针编织

下针和上针每行交替编织而成。往返编织时，一直编织下针（编织方法见P103）。

单罗纹针编织

下针和上针每针交替编织而成。具有伸缩性的织片（编织方法见P109）。

双罗纹针编织

下针和上针每2针交替编织而成（编织方法见P109）。

2-2 起针的方法

棒针的起针方法根据不同的编织技法分为很多种。基本都是"在手指上挂线后起针",先记住之后再开始尝试其他各式起针方法。

用手指挂线起针

◀用手指将线挂到棒针上起针是最普通的起针方法。通常使用2根棒针,但如果变为罗纹针时用1根就可以。

1 从线头开始,在起针宽度4倍的位置(宽度是20cm的话,即是80cm)制作线圈。

线头端

2 从线圈中抽出线。

3 拉紧线头。

线头端

4 右手拿2根棒针,插入线圈中(这个线圈也算作1针)。

5 用左手的食指和大拇指将线撑开。

6 左手轻握线,完成1针。

7 转动手腕,掌心向内。

8 棒针从下方插入大拇指内侧线的★处,再向上拉。

9 将食指内侧线的◎从外侧拉到★下方。

步骤9的线挂到 ◎ 处后如图所示。

10 从 ★ 下方引拔抽出。

11 线从大拇指上滑下。

12 用手指将线撑开，拉紧。

13 第2针完成。

14 重复步骤8~12，制作必要针数的起针。

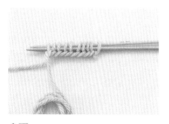

15 制作出10针起针后如图所示。

16 起针完成，抽出其中1根棒针。

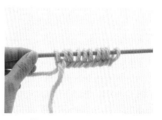

17 抽出1根棒针后，针目变得松弛且易于编织。起针算作1行。

用另线起针
（之后可以拆除）

使用钩针和与编织线不同颜色的毛线钩织锁针，挑针后即为起针。在毛衣下摆等处编织罗纹针时，常采用这种方法。

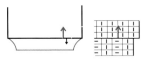

编织起点处

1 用钩针和与编织线不同颜色的毛线钩织锁针（见P14），针数为：起针数+2针。将棒针插入编织起点侧锁针的里山（见P12）中。

2 将距离编织线顶端15cm的位置挂到针上，引拔抽出。

3 引拔抽出后，便完成1针。接着按箭头所示，将棒针插入下面的针目中。

4 重复步骤1~3，制作必要针数的起针。此行算作第1行。

步骤4完成2针后如图所示。从第2行开始，按照编织图编织。锁针钩织得松一些，挑针时比较容易。

手工钩织小贴士

引拔抽出"两股线"的方法

● 编织时不止是1股线，像钩织P181的帽子一样，有时也需要将2根线对齐引拔抽出，称为"2股线"。此时需要准备2团线，从两个方向将线抽出编织。
● 风格、颜色搭配的细线也可以用这种方法编织。但2根线一起编织时容易散开，挑针时要注意。

从2个线团中抽出线，对齐后钩织。使用钩针时如图所示。

从2个线团中抽出线，对齐后编织。使用棒针时如图所示。

另线编织起针的拆除方法

P94制作的起针在钩织完成后即可拆除，接入新线沿反方向编织。在毛衣的下摆和袖口编织罗纹针时，常用这种方法。

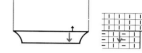

1 用P94的方法起针，织片编织完成后如图所示。

编织终点处

2 将另线编织终点处的线头从线圈中抽出，开始拆除。如果用力拉线头，拆除的部分会变毛糙，需要注意。

3 拆开锁针的同时，用棒针将织片的针目挑起。注意针目不要歪扭。

4 所有针目挑起后如图所示。如果使用的是2根带头的棒针，则针尖的方向与针目方向是相反的，需要变换一下针尖的方向，先把针目移到其他棒针上后再继续编织。

5 确认挑针数后接入新线，用指定的编织方法从顶端开始编织。

6 编织完单罗纹针后如图所示。

手工编织·小·贴士

为什么要用另线编织

● "用另线起针"主要用于编织毛衣的下摆和袖口。如果主体与标准织片的编织方法不同（比如编织罗纹针），采用这种方法编织会更为顺畅。

● 另外，主体编织完成后开可以根据整体的平衡调整织片，也不需用罗纹针起针。

● 起针用的线与编织线相同也可以。如果是马海毛等绒毛较长的毛线，则要尽量选用粗细相差不大，绒毛较短的毛线。

● 钩织的锁针针目松弛一些也没关系，挑针时会更容易。

罗纹针起针具有伸缩性，需要编织3行才算完成。

		—		—		—		—		—		—			3

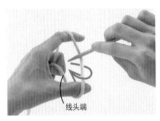

1 留出起针宽度4倍的线头（宽度如果为20cm，即线头长为80cm），再按照图示方法用左手拿好，然后右手拿针，按照箭头所示方法转动后，将线挂到棒针上。

线头端

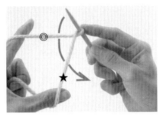

2 第1针（下针）完成。接着制作第2针（上针）。右手食指轻轻压住线圈，针目从◎和★的外侧绕过。

3 针尖向内转动，★处的线挂到针上，再绕到食指内侧线◎的下方。

步骤3缠绕过程如图所示。

4 第2针（上针）完成。手指压住针目，继续制作第3针（下针）。针尖绕到◎和★的内侧。

5 按照箭头所示，针尖向下转动，跨过◎插入★下方，将◎的线挂到针上。

步骤5挂线过程如图所示。

6 第3针（下针）完成。重复步骤2~5，制作必要针数的起针。

7 制作完11针后如图所示。注意不要解开最后起针拧扭的线，按照箭头所示方向转动棒针，翻到反面。

8 编织第2行。线头用右手捏紧，再次确认线是否呈拧扭状态。第2行是从反面开始编织，因此编织方法与符号图相反。

线头端

线团端

线头端

9 左右捏住线团端的线，右手拿棒针编织。

10 第1针（下针）不织，线拉到内侧，移到右针上。

11 将线拉到织片外侧，捏好。

12 下面一针织入下针（见P102）。

13 线再拉到织片内侧，下一针不织，移到右针上。

14 重复步骤11~13，编织至顶端。

线团端

15 第2行编织完成后如图所示。接着编织第3行。第1针织入下针，第2针以后，按照第2行的方法编织。

16 第3行编织完成后如图所示。这个起针算作1行。从下一行（第2行）开始，编织单罗纹针（见P109）。

单罗纹针起针 （顶端2针下针）

一端或两端有2针下针的起针方法。除顶端的针目以外，与P96~97的起针相同，只是两端的方法有所变化。

1 留出起针宽度4倍的线头（宽度为20cm则线头长为80cm），按照图示方法用左手捏住线，右手拿针，沿箭头所示方向插入针，将线挂到棒针上。

线头端

2 第1针（下针）完成。

3 按照P96步骤4~6的方法起针，制作第2针（下针）。

4 第2针完成。下一针开始也按照P96步骤2~6的方法重复，编织第1行。

5 第1行编织完成。捏住线，不要解开顶端拧扭的部分，将织片翻到反面。

6 重复P97的步骤8~11，编织最初的第1针，重复步骤13~14，编织第2行。

7 编织终点处的针目（下针）。

8 织片翻到反面，编织第3行。顶端的针目和下面的针目织入下针（见P102）。

9 第3行与第2行一样，编织下针，上针不织，移到右针上。编织完第3行后，此行算作1行起针。从下一行（第2行）开始，编织单罗纹针（见P109）。

双罗纹针起针

双罗纹针起针时，起针不算作1行，因此实际编织的第4行只算第3行。

1 与单罗纹针起针（见P96的步骤1~15）一样，编织必要针数的针目。起针不算作1行，因此接下来要编织的是第3行。第1针织下针。

2 编织第1针，将右针插入第3针的下针中，不用编织，与第2针交换。

步骤2的换针过程如图所示。将左针的第2针、第3针取出，第3针置于内侧。注意针目不要散开。然后将第2针移回棒针上。

3 将第3针移回左针上。在移回的针目中织入下针（见P102）。交换时注意不要改变针目的方向。

4 编织过程如图所示。

5 接下来的两针织上针（见P103）。

6 下一针织入下针，再下2针交换着织下针和上针。

步骤52针交换后如图所示。重复步骤3~6，编织第3行。

7 第3行编织完成后如图所示。从第4行开始编织双罗纹针（见P109）。

99

用钩针挂线后起针

◀如同在起针顶端伏针收针（见P148）一样排列着锁针，整齐漂亮。根据不同的作品，与"用手指挂线起针"区分使用。

线头端

1 留出20cm左右的线头，按照用手指挂线起针（见P92）步骤1~3的要领制作线圈，插入钩针。左手拿2根棒针，右手拿钩针。

线团端

2 线放到棒针外侧，钩针在内侧，将线挂到钩针上。

3 引拔钩织步骤2挂好的线。挂在左手的线拉到内侧。第1针完成。

Point

4 左手从上方转到棒针的外侧，再将线拉到棒针的外侧。重复步骤2~3，钩织必要的针数。

5 完成2针。继续钩织至比必要针数少1针时停止。

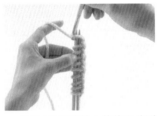

6 最后1针将钩针上的线圈移到棒针上。抽出1根棒针。此行算作第1行。

用4根棒针编织圆环时的起针和编织方法

▲编织帽子之类的圆环时先用1根棒针起针，然后用4根棒针3等分，或5根棒针4等分，分别将针目移到棒针上再编织圆环。

1 编织必要针数的起针。

2 将1\3的针数移到另一棒针上。

3 移好后如图所示。

4 将1\3的针数移到第3根棒针上。

5 3根棒针上的针数都差不多。之后用第4根棒针开始编织圆环形。

6 左手拿住编织起点处的棒针,线头端的线挂到左手上。用第4根棒针编织,注意起针的针目不要拧扭。

7 编织完第1针后如图所示。最后的起针与第2行最初的针目相连,形成圆环。注意针目不要松。

环形针起针和编织方法

◀使用环形针(见P7)起针。不用像4、5根棒针那样替换,只需向同一方向编织即可。根据作品需要选择长度适合的环形针。

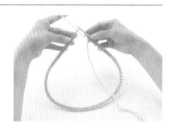

1 选好环形针,织入必要针数的起针,右手拿住编织终点处的针目,线团端的线挂到左手。

2 最初的针目与最后的针目相接,编织第1针。注意起针不要拧扭。

步骤2编织过程如图所示。最后的起针与第2行最初的针目相连,形成圆环。

3 继续编织圆环形。

2-3 各种针法的编织方法

介绍各种棒针针法的编织方法。基本上分为下针和上针两种，简单易学，编织方法的变化却多得惊人。

下针

棒针从线的内侧插入，引拔抽出后即可。从反面看，便是上针。

1 线拉到棒针内侧。按照箭头所示方向，插入棒针。

2 按照箭头所示，将线挂到右针上。

3 从外向内引拔抽出线，注意不要拧扭。

4 引拔抽出后如图所示。

5 左针上的针目取出1针，完成1针下针，又称为"正针编织"。

手工编织小·贴士

下针排列而成的织片称为"上下针编织"，
上针排列而成的织片称为"反上下针编织"。

● 编织下针排列而成的织片称为"上下针编织"或"正针编织"。实际进行往返编织时，看着反面编织的都是上针。反面则是反上下针编织。

● 编织上针排列而成的织片称为"反上下针编织"或"反针编织"。实际进行往返编织时，看着反面编织的都是下针。反面则是上下针编织。

上下针编织（正针编织）

反上下针编织（反针编织）

上针

棒针从线的外侧插入,引拔抽出后即可。从正面看是下针。

1 线拉到针的内侧,按照箭头所示插入棒针。

2 按照箭头所示将线挂到右针上。

3 从内向外引拔抽出线,注意不要拧扭。

4 引拔抽出后如图所示。

5 左针的针目取出1针,完成1针上针,又称为"反针编织"。

手工编织小·贴士

每行都编织下针,称为平针编织

不论是看着正面还是看着反面进行,都是编织下针,织出的织片称为平针编织。因纵向具有伸缩性,可以编织保暖性超好的围巾。

平针编织

扭针（下针）

1 线拉到棒针外侧。按照箭头所示将右针插入针目的外侧。

2 插入棒针后如图所示。

3 将线挂到右针后引拔抽出。

4 引拔抽出后如图所示。

5 左针上的针目取出1针。在此行的下方编织出1针扭针。

扭针（上针）

1 线拉到棒针内侧。按照箭头所示插入右针。

2 插入棒针后如图所示。

3 将线挂到右针后向外引拔抽出。

4 引拔抽出后如图所示。

5 左针上的针目取出1针。完成1针扭针。

※ 两者都是在编织行的下方形成拧扭的针目。

滑针（下针）

反面

1 线拉到棒针外侧，按照箭头所示插入针。

2 插入针后如图所示。

3 左针上的针目取出1针。完成1针滑针。

4 接着编织下一针。

5 反面呈渡线的状态。

滑针（上针）

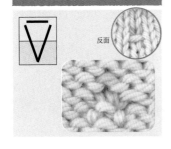

反面

1 线拉到棒针外侧，按照箭头所示插入针。

2 插入针后如图所示。

3 左针上的针目取出1针。完成1针滑针。

4 接着编织下一针。

5 反面呈渡线的状态。

浮针（下针）

1 线拉到棒针内侧，按照箭头所示插入针。

2 插入针后如图所示。

3 左针上的针目取出1针。完成1针浮针。

4 接着编织下一针。

5 正面呈渡线的状态。

挂针（下针）

1 线拉到棒针的外侧。按照箭头所示，从内侧将线挂到右针上。

2 挂到右针上的线用食指压住。

3 下一针编织下针。完成1针挂针。

4 编织下一行时，挂针的部分织上针。

5 从反面看如图所示。

拉针（3行）

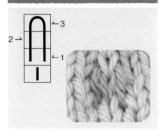

1 第1行将线拉到棒针外侧。然后在拉针的内侧编织挂针（见P106）。

2 挂针之后，不用编织拉针，先将针目移到右针上。

3 挂针，移动针目后如图所示。

4 继续编织到末端。

5 织第2行。编织到拉针的内侧，将线拉到棒针内侧，再编织挂针。

6 按照步骤2~3的方法，不用编织，将针目移到右针。然后继续编织。

7 如此重复。编织相应行数的拉针（此处为2行）时一边挂针，一边移动。在下一行（第3行）将移动的针目与挂针一起，编织下针。

步骤7编织过程如图所示。

8 拉针完成后如图所示。挂针的位置移动过的针目呈上拉的状态。

拉针（拆针目的方法）

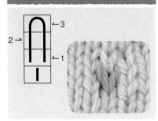

1 先编织到想要编织拉针的最终行（此处是第3行）。线拉到针的外侧，再将棒针插入最初行中（箭头所示位置）。

2 插入针后如图所示。

3 将左针上的1针取下拆开，挂到右针上。

4 与拆开的针目一起编织下针。

5 拉针编织完成。步骤2中棒针插入的针目呈上拉状态。

延伸扭针（3行）

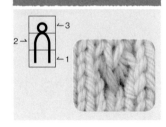

1 在P108步骤1的同一位置插入棒针。再将右针插入扭拉针下面一行的针目中。

2 针目移到右针，拆开上一行的针目。

3 用中间穿引横渡的2根线，编织下针。

4 将步骤3织好的下针用下面一行的针目盖住。

5 下面一行的针目形成扭针，中间穿引横渡的线呈上拉状态。

在实际编织中，会用到各种罗纹针。除了只能用于正针编织、反针编织的罗纹针外，还包括扭针、变化的罗纹针等，种类多样。

单罗纹针

1 线拉到棒针外侧，顶端1针编织下针。

2 下面1针编织上针。

3 下针、上针交替编织。

4 编织完1行后如图所示。

5 织片翻到反面，顶端1针先织上针，然后上针与下针交替编织。

双罗纹针

1 线拉到棒针外侧。顶端的2针编织下针。

2 下面2针编织上针。

3 2针下针、2针上针交替编织。

4 编织完1行后如图所示。

5 将织片翻到反面，顶端先织2针上针，然后上针、下针每2针交替编织。

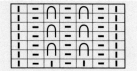

英式罗纹针

重点是在反面行间编织下针时，要织入2针并1针。

◀下针向上拉的同时编织罗纹针。非常有质感，可用于编织外出时穿着的大毛衣等。

反面 　　　　　正面

1 从顶端开始，编织1针下针和1针上针。

2 挂针，接下来的下针不编织，直接移到右针。

3 下面一针编织上针。

4 挂针，接下来的下针不编织，直接移到右针。如此重复，行间最后的1针目不用挂针，而是编织下针。

5 编织到末端后如图所示。

6 将织片翻到反面，顶端的针目编织上针，下一针编织下针。

7 把右针从上一行线圈外侧插入针目中，将移动的针目和挂针一起，编织上针。

步骤7编织过程如图所示。

8 完成1针拉针（英式罗纹针）。如此重复，编织至末端，但末端的针目要编织上针。按同样的方法重复编织。

扭罗纹针

◀下针用扭针编织出罗纹针。在反面行拧扭时，需要注意方向不要弄反。

正面

1 顶端的1针目编织下针，下一针编织上针。

2 下面的下针编织扭上针（见P104）。

步骤2编织过程如图所示。

3 扭针编织完成后如图所示。下面的上针不用拧扭直接编织。如此重复编织至顶端。

4 编织完1行后如图所示。行间最后的针目不用拧扭，直接下针编织。

5 织片翻到反面，顶端1针编织上针，下一针则编织下针。

6 下面的上针编织扭上针（见P104）。

步骤6编织过程如图所示。

7 扭针编织完成后如图所示。如此重复编织至末端。行间最后的针目不用拧扭，直接编织下针。

右上1针交叉

分为不使用绳麻花针
（见P8）和使用麻
花针两种方法

不使用麻花针的方法

1 将右针从外侧插入，交叉2针中左侧的针目。

2 左针先从交叉2针中取出，避免针目散开，小心地将右侧的针目从内侧移回到左针。

3 将右针的针目移回左针。

4 左右两侧的针目交换后如图所示。

5 编织2针下针。

6 右上1针交叉完成。

使用麻花针的方法

1 将交叉2针中右侧的针目移到麻花针上，置于织片的内侧。

2 左侧的针目编织下针。

3 麻花针上挂的针目编织下针。

左上1针交叉

不使用麻花针编织的方法

1 右针从内侧插入交叉2针中左侧的针目。

2 插入棒针后如图所示。

3 左针先从交叉的2针中取出，避免针目散开，从外侧移回到左针上。

4 右针的针目再移回左针。

5 左右两侧的针目交换后如图所示。编织2针下针。

6 左上1针交叉完成。

使用麻花针编织的方法

1 将交叉2针中右侧的针目移到麻花针上，置于织片的外侧。

2 左侧的针目编织下针。

3 麻花针上挂的针目编织下针。

右上2针交叉

1 交叉的4针中，将在上的右侧2针移到麻花针上，置于织片内侧。

2 在下的左侧2针先编织下针。然后依次编织挂在麻花针上的针目。

3 挂在麻花针上、在上的2针编织下针。

步骤3编织过程如图所示。

4 右上2针交叉完成。

左上2针交叉

1 交叉的4针中，将在下的右侧2针移到麻花针上，置于织片外侧。

2 在上的左侧2针先编织下针。然后依次编织挂在麻花针上的针目。

3 挂在麻花针、在下的2针编织下针。

步骤3编织过程如图所示。

4 左上2针交叉完成。

右上3针交叉

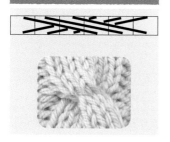

1 交叉的6针中，在上的右侧3针移到麻花针上。

2 麻花针置于织片内侧。

3 在下的左侧3针先编织下针。再依次编织挂在麻花针上的针目。

4 挂在麻花针上、在上的3针编织下针。

5 右上3针交叉完成。

左上3针交叉

1 交叉的6针中，在下的右侧3针移到麻花针上。

2 麻花针置于织片的外侧。

3 在上的左侧3针先编织下针。再依次编织挂在麻花针上的针目。

4 挂在麻花针、在下的3针编织下针。

5 左上3针交叉完成。

2针和1针右上交叉（2针在上）

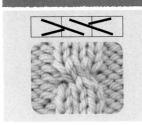

1 交叉的3针中，在上的右侧2针移到麻花针上，置于织片内侧。

2 在下的左侧1针先编织下针。

3 挂在麻花针上、在上的2针编织下针。

步骤3编织过程如图所示。

4 完成2针和1针右上交叉。

2针和1针右上交叉（1针在上）

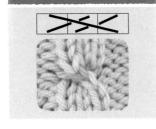

1 交叉的3针中，在上的右侧1针移到麻花针上，置于织片内侧。

2 在下的左侧2针先编织下针。再依次编织挂在麻花针上的针目。

步骤2编织过程如图所示。

3 挂在麻花针、在上的1针编织下针。

4 完成2针和1针右上交叉。

2针和上针1针右上交叉

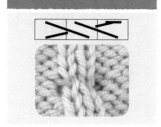

1 交叉的3针中，在上的右侧2针移到麻花针上，置于织片内侧。

2 在下的左侧1针先编织上针。

3 上针编织完成后如图所示。

4 挂在麻花针上 、在上的2针编织下针。

5 完成2针和上针1针右上交叉。

2针和上针1针左上交叉

1 交叉的3针中，在下的右侧1针移到麻花针上，置于织片外侧。

2 在上的左侧2针线编织下针。然后依次编织挂在针上的针目。

3 挂在麻花针上、在下的1针编织上针。

4 完成2针和上针1针右上交叉。

穿入右侧针目交叉

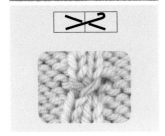

1 编织交叉的2针之前，先将棒针插入左侧的针目中，盖住右侧的针目，再移到左针上。

2 交换后依次编织下针。

步骤2编织过程如图所示。

3 完成1针，左侧的针目同样编织下针。

4 完成穿入右侧针目交叉。

穿入左侧针目交叉

1 编织交叉的2针之前，先将针目移到右针。

2 左针插入右侧的针目中，盖住左侧的针目。

3 按照交换后的顺序将针目移到左针，编织下针。

步骤3编织过程如图所示。左侧的针目也编织下针。

4 完成穿入左侧针目交叉。

※ 所有编织行下面1行的针目都是交叉的。

右上2针交叉
（中间2针上针）

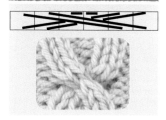

1 使用2根麻花针。交叉的4针中，在上的右侧2针移到麻花针上，置于织片内侧。

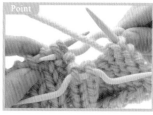

Point

2 交叉部分正中央的2针移到另一麻花针上，置于织片外侧。

3 在下的左侧2针编织下针。

4 编织完成后如图所示。接着将它放到外侧，捏住麻花针。

5 线拉到棒针内侧，正中央的2针编织上针。

6 编织完成后如图所示。

7 内侧麻花针上挂着的2个针目编织下针。

8 中间织2针上针的右上交叉完成。

手工编织小·贴士

交叉符号的辨识

本书中介绍了几种有代表性的交叉方法，不同的交叉针组合，能编织出多姿多彩的织片。通用的针目看法都要记住哦，在编织复杂的交叉"阿伦花样"时也会用到。

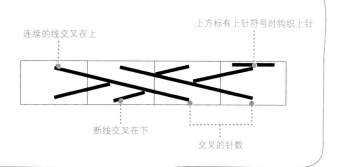

连续的线交叉在上

上方标有上针符号时钩织上针

断线交叉在下

交叉的针数

枣形针
（中长针3针1行）

1 使用钩针。从内侧将钩针插入编织枣形针的位置。

2 钩针上挂线，从针目中引拔抽出。这算作立起的1针（见P12）。

3 将左针上的针目取出。钩针上挂线，再将钩针插入刚才取出的针目中。

4 钩针上挂线，从织片中引拔抽出。

5 钩织完1针未完成的中长针（见P55）。线稍微松一些，保持高度一致。

6 在步骤3的针目中，再钩织1针未完成的中长针。

7 钩织完1针立起的锁针和2针未完成的锁针后如图所示。钩针上挂线，引拔穿过所有的线圈。

8 引拔钩织后如图所示。

9 针目从钩针上取出，挂到棒针上。接着用棒针钩织。

10 编织完1针枣形针后如图所示。具体编织方法、针数和行数等参照编织方法图。

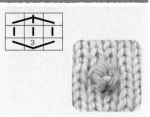

爆米花针
（下针3针3行）

1 按照编织下针的要领，将棒针插入编织爆米花针的位置，挂线后引拔抽出。

2 左针的针目不动，用右针先挂针（见P106），然后在同一针目中插入棒针，挂线后引拔抽出，取出针目。

3 右针上挂有3个线圈。

4 织片翻到反面，编织3针上针。

5 编织完3针上针后如图所示。

6 织片翻到正面，棒针从内侧插入右侧的2针中，将它们移到右针上。

7 第3针编织下针。

8 右侧的2针一起将第3针盖住。

9 盖住后如图所示。

10 完成3针爆米花针后如图所示。编织方法、针数、行数参照编织方法图。

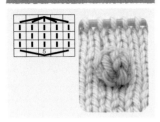

爆米花针
（下针5针5行）

1 按照编织下针的要领插入棒针，引拔抽出线。

2 左针的针目先不动，用右针先挂针（见P106）接着在同一针目中插入棒针，挂线后引拔抽出。

3 如此重复，编织5针后取出针目。

4 织第2行。织片翻到反面，编织5针上针。之后的2行也编织5针。

5 织第5行。从内侧将棒针插入右侧的3针中。

6 这3针不用编织，直接移到右针。

7 移动后如图所示。

8 将棒针插入左侧2针中，编织下针。

9 编织后如图所示。

10 用右针上的针目将每针盖住。

11 爆米花针编织完成后如图所示。

旋钮针（绕2圈）

不编织，直接将线缠到棒针上的编织方法。缠线时要注意松紧度适中。下面介绍的是缠2圈的方法，长度则是根据缠绕次数不断变化。

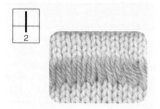

反面

1 编织1针下针。

2 针上绕2圈。缠绕的2圈在第2行形成旋钮针。

3 下1针编织下针。

4 重复步骤2~3，编织1行。

5 织片翻到反面编织下一行。先编织1针上针。

6 编织完1针上针后，将中间缠绕2圈的线从左针上取出。

7 接着编织上针。如此重复编织1行。

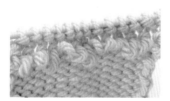

8 编织完1行后如图所示，缠绕的线弯弯曲曲。

9 拿住棒针拉动织片，使针目伸展开。

2-4 加针方法和减针方法

在同一行中加针或者减针，都会引起织片形状的改变。
编织毛衣的袖子和领口、帽子的顶部时，常采用这些方法。

右加针（下针）

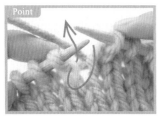

1 按照箭头所示，将右针插入加针位置下面1行的针目中。

2 上拉针目，编织下针。

3 下针完成后如图所示。

4 接着编织下针。

5 右加针完成。

手工编织·小·贴士

"倾斜针"符号的看法

加针或减针时，周围的针目都用倾斜的线条表示，称为"倾斜针"。因为是自然形成的倾斜，所以不需要编织方法。

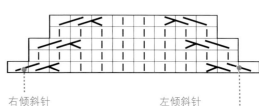

右倾斜针
位于右侧，编织左上2针并
1针时，针目会向右倾斜。

左倾斜针
位于左侧，编织右上2针并
1针时，针目会向左倾斜。

左加针（下针）

1 在加针的位置编织下针。

步骤1编织完成后如图所示。

2 左针插入刚才编织针目下一行的针目中，再向上拉。

3 在上拉的针目中编织下针。

4 左加针完成。

手工编织小·贴士

如何拆除编织错误的针目

错误的针目只有1针时，不需要拆除到织错的位置，使用钩织便能把错误的针目拆除。拆除顺序参考下面的步骤图。

1 发现下面第5行下针织成了上针！

2 将错误针目最上方的那一针移到钩针上，然后一针一针地解开，直至编织错误的针目处。针上挂线后重新编织。

3 按照正确的方法重复编织，引拔钩织最上方时再将针目移到棒针上，接着编织。

125

右加针（上针）

1 线拉到棒针内侧，右针按照箭头所示插入加针位置下一行的针目中。

2 针目上拉，编织上针。

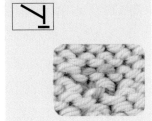

3 上针编织完成后如图所示。

4 在下面一针也编织上针。

5 右加针完成。

左加针（上针）

1 在加针的位置编织上针。

步骤1编织完成后如图所示。

2 左针插入之前编织针目下一行的针目中，向上拉。

3 编织上针。

4 左加针完成。

卷针加针（右加针）

1 加针前的一行编织完成后，按照图示方法将线挂到食指上，按照箭头所示方法插入针。

2 针上挂线，将线从左手手指中取出。

3 拉紧线，完成1针卷针。

4 如此重复，编织相应的加针数（此处为3针）。加针不算作1行。

5 将织片翻到反面，继续编织。

卷针加针（左加针）

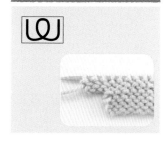

1 加针行编织完成后，按照图示方法将线挂到食指上，按箭头所示挂到棒针上。

2 针上挂线，将线从左手手指中取出。

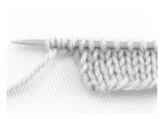

3 拉线，完成1针卷针。

4 如此重复，编织相应的加针数（此处为3针）。加针不算作1行。

5 将织片翻到反面，继续编织。

扭针加针
（在罗纹针中编织上下针）

◀衣身下摆的罗纹针编织完成后，需要在织片中间加针时，使用此方法。

1 将棒针插入加针位置的针目与针目间的渡线中。

2 左针上挂着的线向上拉起，从外侧插入右针。

步骤2插针的过程如图所示。

3 右针挂线，引拔向内抽出。

4 完成1针扭针加针后如图所示。

5 加针后如图所示。

手工编织小·贴士

用卷针在顶端加针

加针的部分按照P127卷针加针方法也可。卷针加针的位置会形成边角，清晰明了，之后钉缝时挑针也方便。如果是单纯钉缝，扭针加针的部分与其他针目看起来没什么变化，漂亮方便。

扭针加针，形成平滑的弧线。

卷针加针，呈阶梯状。

顶端加针（两端）

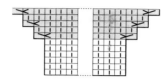

在两端各加1针时，需要在同一行进行操作。

1 顶端编织下针。按照箭头所示，将左针插入下两行的针目中。

2 插入棒针后如图所示。此针编织下针。

3 编织下针。

4 距离顶端的1针内侧加1针后如图所示。

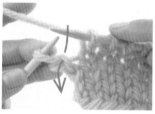

5 编织到下一行末端内侧1针处。然后按照箭头所示，将右针插入下一行的针目中。

6 插入棒针后如图所示。

7 移到左针，移动的针目接着编织下针。

8 接着编织末端的1针。

9 两端各增加1针。

右上2针并1针（下针）

1 棒针从内侧插入右侧的针目中。

2 将针目移到右针上。

3 下一针编织下针。

4 用左针挑起右侧的针目，将左侧的针目盖住。

5 盖住后如图所示。右上2针并1针完成。

左上2针并1针（下针）

1 按照箭头所示插入棒针。

2 插入后如图所示。

3 2针一起编织下针。

4 左上2针并1针完成。

右上2针并1针（上针）

1 从内侧插入右针。

2 针目移到右针上。

3 再次从内侧插入，将下一针目移到右针上。按照箭头所示方法将左针插入2个针目中，移到左针上。

4 移动过程如图所示。

5 2针一起编织上针。

左上2针并1针（上针）

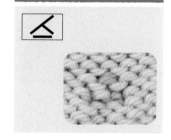

1 将棒针插入2针中。

2 插入后如图所示。

3 2针一起，编织上针。

4 左上2针并1针完成。

右上3针并1针（下针）

1 棒针从内侧插入右边的2针中，逐一移动。

2 移完2针后如图所示。

3 第3针编织下针。然后按照箭头所示插入左针。

4 用左针将右针上的2针逐一盖住。

5 右上3针并1针完成。

左上3针并1针（下针）

1 右端的针目编织下针。

2 织好的针目移到左针。

3 用中央的针目将右边的针目盖住。

4 盖住后如图所示。左侧的针目也用同样的方法盖住，将针目移到右针上。

5 左上3针并1针完成。

右上3针并1针（上针）

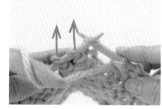

1 右针从内侧插入针目中。将3个针目逐一移到右针上。

2 移到右针后如图所示。按箭头所示由左针插入，将3个针目移到左针上。

步骤2移动针目的过程如图所示。

3 右针插入移到左针上的3个针目中，再编织上针。

4 右上3针并1针完成。

左上3针并1针（上针）

1 将2个针目逐一移到右针上。

2 第3针编织上针。

3 上针编织完成后如图所示。用左针挑起中央的针目，将左边的针目盖住。

4 盖住后如图所示。用同样的方法用右侧的针目盖住。

5 左上3针并1针完成。

中上3针并1针（下针）

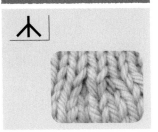

1 按照箭头所示，从左侧将右针插入2个针目中，移到右针。

2 移动后如图所示。

3 下面一针编织下针。

4 用左针挑起中央和右边的针目，将左边的针目盖住。

5 中上3针并1针完成。

中上3针并1针（上针）

1 按照箭头所示插入右针，将3个针目逐一移到右针上。

2 按照箭头所示由左针插入，将2个针目移到左针上。

3 移动过程如图所示。

4 右端的针目也移到左针上。插入右针，3针一起编织上针。

5 中上3针并1针完成。

减针（左右各减3针以上）

◀ 常在领口、袖口等左右减针时使用。两端各需要收3针以上时，编织行左右两侧会错开1行。2针并1针要在同一行的起点和终点编织。

1 第1行：顶端编织2针，再用右边的针目盖住左边的针目。

2 盖住后如图所示。完成1针收针。

3 如此重复，收3针。接着编织至行间终点。

4 第2行：织片翻到反面，一边在反面减针一边编织。顶端编织2针，然后用右边的针目盖住左边的针目。

5 完成1针收针。

6 如此重复收3针。接续编织至行间终点。

7 两端收针后如图所示。第2行左右完成减针。

8 第3行：织片翻到正面，顶端的针目不用编织，直接移到右针。

9 第2针编织下针，用右边的针目盖住。

10 完成2针并1针。

11 编织到左端内侧的2针处。按照箭头所示,右针从左侧插入2个针目中。

步骤11编织过程如图所示。插入棒针,编织下针。

12 左上2针并1针完成。

减针
(在顶端内侧2针处减针)

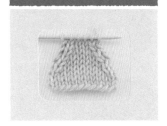

◀在顶端内侧减针的话,顶端的线条不是阶梯状,而是看起来更漂亮的连续针目状。编织插肩时使用这种方法。

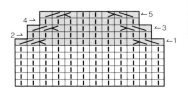

1 右端的针目编织下针。下一针不用编织,直接移到右针。

2 第3针编织下针。用左针将刚移动的第2针盖住第3针。

3 右上2针并1针完成。继续编织。

4 编织到顶端的3针处。按照箭头所示,右针由内侧插入。

5 留出顶端的1针,其余2针一起,编织下针。

6 左上2针并1针完成。顶端的针目编织下针。

7 两端都一样,在内侧1针处减针。用同样的方法减去指定的行数。

减针符号图的辨识

领口、袖下、袖山等需要加减针编织出连续的弧线时，请参照编织方法图中的标记。

编织方法图中减针部分符号表示法

编织方法图中，减针行标有"1-4-1"、
"1-3-1"等数字，从下往上读数，进行
编织。
比如袖口处一开始出现的"1-4-1"表示
"每行减4针，共1次"，实际则是在编织
每行时都收4针，进行减针。"2-3-1"
表示"每两行减3针，共1次"，之后在第
2行收3针，进行减针。
详细的符号图标记后如下图所示。
加针与减针相反，可作为参考。

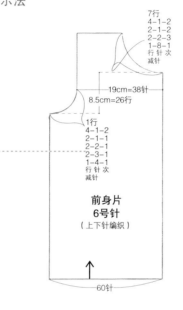

```
          7行
          4-1-2
          2-1-2
          2-2-3
          1-8-1
          行针次
          减针
     19cm=38针
  8.5cm=26行
     1行
     4-1-2
     2-1-1
     2-2-1
     2-3-1
     1-4-1
     行针次
     减针

       前身片
       6号针
    （上下针编织）

       60针
```

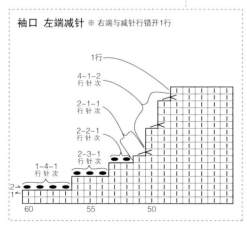

袖口 左端减针 ※右端与减针行错开1行

```
     1行
  4-1-2
  行针次
  2-1-1
  行针次
  2-2-1
  行针次
  2-3-1
  行针次
1-4-1
行针次
2
1
60    55    50
```

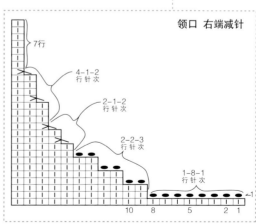

领口 右端减针

```
  7行
          4-1-2
          行针次
          2-1-2
          行针次
          2-2-3
          行针次
                1-8-1
                行针次        1
  10  8    5    2  1
```

往返编织（向右下方倾斜）

主要用于编织"肩斜度"，后身片的左肩、前身片的右肩也会用到。织片呈倾斜状，过程中进行多次往返编织。这里介绍的是每5针往返编织、重复3次的方法。

最终行称为"消行"，是隐藏织片缝隙的调整编织方法。

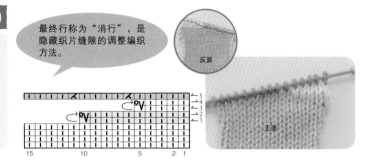

反面

正面

15   10   5   2 1

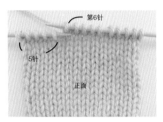

第6针

5针

正面

1 往返编织的第1行：留出最后的5针不织。

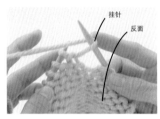

挂针

反面

2 第2行：将织片翻到反面，右针挂1针。

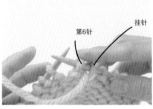

第6针

挂针

3 线拉到内侧，第6针不织，直接移到右针。从第7针开始，用下针编织第2行。

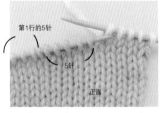

第1行的5针

5针

正面

4 第3行：第2行也留出最后5针，然后往回编织。

挂针

反面

5 第4行：将织片翻到反面，按照步骤3的方法，挂针后将下一针直接移到右针，不用编织，然后编织第4行。

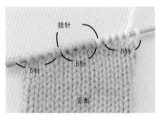

挂针

5针

5针

正面

6 第4行编织完成后如图所示。挂针部分的针数有所增加。

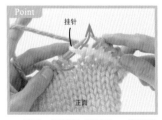

Point

挂针

正面

7 最后一行进行"消行"。编织到挂针处，从挂针和下一针的左侧（箭头所示位置）插入棒针。

8 挂针和下一针一起，编织下针。

9 用此方法将增加的挂针减去，形成平滑的倾斜线。第5行称为"消行"。

往返编织（向左下方倾斜）

后身片的右肩、前身片的左肩用此方法编织。与P138呈左右对称的状态，但往返编织的行的右肩与左肩会错开1行。

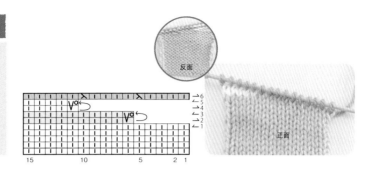

反面

正面

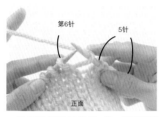

第6针　5针

正面

1 编织往返编织的第1行，第2行留出最后5针不织，再往返编织。第3行的编织起点处，在右针挂线。

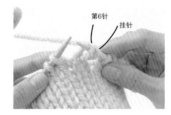

第6针　挂针

2 线拉到外侧，第6针不织，直接移到右针。从第7针开始，用下针编织第3行。

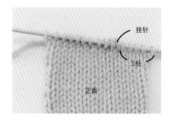

挂针

5针

正面

3 第3行编织完成后如图所示。

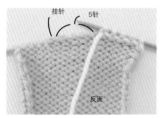

挂针　5针

反面

4 第4行：第3行留出5针，将织片翻到正面。

挂针

5针　5针　5针

正面

5 按照步骤2的方法，挂针后将下一针移到右针，不用编织，然后编织第5行。挂针部分的针数有所增加。

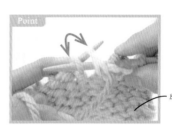

Point

反面

6 最后1行进行"消行"。编织到挂针处，挂针在上针目交换，挂针与下面一针一起，编织上针。

7 交换后如图所示。2个针目移到左针，2针再一起编织上针。

8 步骤7编织过程如图所示。

9 用此方法将增加的挂针减去，形成平滑的倾斜。第6行称为"消行"。

2-5 换色方法和换线方法

编织横条或竖条花样等在编织过程中换色、换线的方法。
编织线用完时也是用同样的方法接入新线，同样一定要在顶端的针目中替换。

每2行换色（横条花样）

横条花样如果是隔2~4行，就不用剪断线，直接渡线编织即可。

→4
→3
→2
→1

1 在织片的顶端换线。将编织线挂到左手食指上，用手拿住棒针和线头。下面的编织线暂时停下。新线要留出15cm左右。

线头端

2 编织第1针。

3 第1针编织完成后如图所示。继续编织。

4 编织2~3针后，右手松开线头，接着编织2行。

Point

5 编织完2行后如图所示。再次在针上挂线，之前停下的线穿引到编织线的上方，挂到左手。现在的编织线暂时停下，用右手拿好。

6 编织完1针后如图所示。穿引的渡线不用剪断。继续编织2行。

7 再次换线。接着将刚才停下的编织线穿引到上方。

8 编织完1针后如图所示。

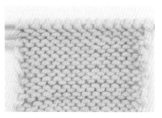

※ 反面看如图所示。只有一侧有纵向穿引的渡线。

3种颜色每行换线（横条花样）

用3色线（或者奇数的线数）配色时，行数也要为奇数，而且要在同一侧换线。

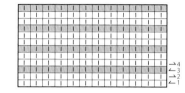

线头端

1 在织片的顶端换线。接着将编织线挂到左手，右手拿棒针和线头。下面的编织线先停下。新线留出15cm左右的线头，先编织1行。

2 编织完1行后如图所示。将织片翻到反面，按照步骤1的方法换线。

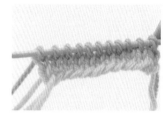

3 再编织完1行后如图所示。

Point

4 织片翻到反面，之前下面两行暂时停下的编织线挂到左手，再编织。

5 纵向穿引渡线。渡线不要拉得太紧，继续编织1行。

6 接着，每行渡线，继续编织。

※ 从反面看如图所示。两端有纵向穿引的渡线。

竖条花样的换色方法

编织竖条花样的时候，每行的针目都要换色。下面以每4针的配色为例，进行说明。

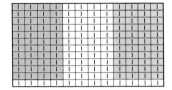

1 起针，一边换色一边编织第1行。这里使用的是用另线编织锁针的起针方法（见P94）。

2 第2行：在换色的位置将接下来要编织的线和编织过的线拉到织片内侧，交叉1次。

3 继续编织。

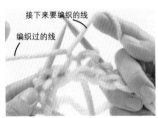

4 再次在换色的位置将接下来要编织的线和编织过的线拉到内侧，交叉1次。

5 继续编织。编织到末端后，翻到正面，接着编织下一行。

6 在换色的位置将接下来要编织的线和编织过的线拉到织片外侧，交叉1次。要注意，此时与编织上针时缠绕的方向是相反的。

7 继续编织。

8 编织完成后如图所示。

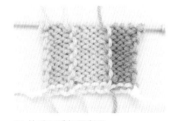

※ 从反面看如图所示。

竖条花样的收针

1 编织最终行。编织顶端的2针，用右边的针目盖住左边的针目。

2 盖住后如图所示。

Point
接下来要编织的线　编织过的线

3 编织到距离换色位置1针处时，将接下来要编织的线和编织过的线拉到织片外侧，交叉1次。

4 接着编织，用上一针盖住。

5 收针后如图所示。下面的配色按照同样的要领收针。

处理竖条花样起针的方法（用另线编织时）

1 将用另线编织的锁针拆开（见P95）。

2 从反面编织。编织顶端的2针，用顶端的针目将第2针盖住。

3 编织到距离换色位置1针处时，将接下来要编织的线和编织过的线拉到织片内侧，交叉1次。

4 接续编织，用上一针盖住。

5 盖住后如图所示。下面的配色按照同样的要领收针。

嵌入花样（反面有渡线）

用两种颜色交换时，一边在反面穿引2根线，一边继续编织。关键是基本色线和配色线不要缠绕。

反面

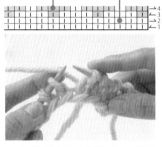

配色线　　　　基本色线

穿引的配色线（长度较短时）

1 按照图示方法先编织嵌入图案。从第3行开始配色。

2 顶端用配色线编织完1针后，再用基本色线编织3针下针。

3 编织完3针后如图所示。配色线从基本色线针目的反面穿过。

4 用配色线编织1针。同样，在指定的位置用配色线编织。此时，反面的配色线一般要在基本色线的下方穿引，这样比较漂亮。

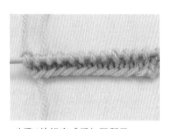

步骤4编织完成后如图所示。

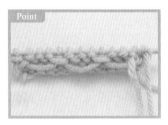

Point

※ 反面如图所示。渡线要求松紧适度，紧贴织片为好。

5 基本色线和配色线在反面顶端交叉，然后用上针编织第4行。

6 距离顶端的2针用配色线编织。

7 编织完2针后如图所示。接着用基本色线编织。

8 上针编织完成后如图所示。基本色线从配色线的上方穿引。

9 按照编织方法图，边换线边编织。

10 编织完4行后如图所示。

配色线　　　　　基本色线

←7
←6
←5

穿引的配色线（长度较长时）

1 配色线穿引的距离较长时（此处为7针），要在过程中边缠绕配色线边编织。用配色线编织第3针后如图所示。

2 在渡线针目的中间，编织下一针之前（此处是中间的第4针），将配色线挂到左针上。

3 基本色线在上，挂到左手上。

4 从左侧插入针，2针一起编织。

5 配色线在针目中间缠绕。

6 编织完4针后，再用配色线编织1针。

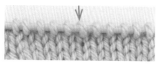

7 编织到末端后如图所示。箭头所示是配色线缠绕的位置。

※ 反面如图所示。

嵌入花样
（反面无渡线）

与下一针之间间隔较长时，可以将反面的渡线拉紧，线收紧后编织时便不再产生渡线。

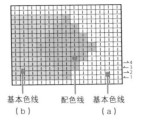

基本色线 　　配色线　　基本色线
（b）　　　　　　　　　　（a）

为了更清晰，选用了颜色不同的基本色线a、b，实际要用同一颜色编织。

图案中配色线针目不断增加时

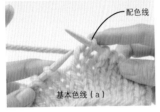

配色线

基本色线（a）

1 编织到换线位置后用配色线编织。另外准备1根基本色线（b），接着编织下面的针目。

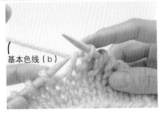

基本色线（b）

2 用基本色线（b）编织至顶端。

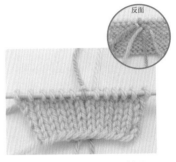

反面

3 第1行编织完成后如图所示。将织片翻到反面，再编织下一行。

Point

4 第2行：在换线位置将基本色线（b）和配色线拉到织片内侧，交叉1次。

5 编织1针，然后将配色线和基本色线（a）拉到织片内侧，交叉1次。

6 第3行：在换线的位置将基本色线（a）和配色线拉到织片外侧，交叉1次。

7 用配色线编织3针。

8 在换线的位置，将基本色线（b）和配色线拉到织片外侧，交叉1次。

9 如此重复，编织嵌入花样。

交叉缠绕线的位置

10 换线的位置先交叉缠绕线，再进行编织。

※ 反面如图所示。

图案中配色线针目不断减少时

1 在换线的位置将基本色线（a）和配色线拉到织片外侧，交叉1次。

2 交叉缠绕后如图所示。

3 在换线位置将配色线和基本色线（b）拉到织片外侧，交叉1次。

交叉缠绕线的位置

4 交叉缠绕后如图所示。

5 接着用基本色线（b）编织。如此重复，编织嵌入花样。

6 在换线的位置先交叉缠绕线，再进行编织。

※ 编织完成后如图所示。

※ 反面如图所示。

2-6 编织终点的收针方法、线头的处理方法、线的打结方法

编织终点处理针目后将棒针取下称为"收针"。
收针时根据不同织片的特征也有不同的方法。

伏针收针
（上下针编织）

◀一般的收针方法只需使用棒针即可。上下针编织和罗纹编织的要领相同，伏针收针不算作1行。

1 从正面收针。最终行编织到终点后，在下一行顶端的2针中编织下针。

2 用左针将右边的针目挑起，盖住左边的针目。

3 收完1针后如图所示。

4 下面一针编织下针，在用右边的针目将其盖住。

5 如此重复，收针至末端。将线头处理（见P151）到反面。

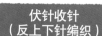

伏针收针
（反上下针编织）

1 最终行编织完成后，在下一行顶端的2针中编织上针。

2 使用左针，用右边的针目将左边的针目盖住。

3 收完1针后如图所示。

4 用上针编织下面的针目，再用右边的针目盖住。

5 如此重复收针至顶端。将线头处理（见P151）到反面。

伏针收针
（单罗纹针顶端2针下针）

1 从正面收针。最终行编织完成后，用下针编织下一行顶端的2针，再用右边的针目盖住。

2 接着编织下一针。

3 用左针将右边的针目挑起，盖住左边的针目。

4 步骤3挑起右边针目的过程如图所示。在下针中编织下针，上针中编织上针。

4 如此重复，收针至末端。线头处理（见P151）到反面。

引拔收针（下针）

用钩针收针

1 从正面收针。最终行编织完成后，将钩针插入收针行顶端的针目中，在针上挂线。

2 从针目中引拔抽出。针目从棒针上取下。

3 然后将钩针插入下一针目中，针上挂线后引拔抽出。

4 从针目中引拔抽出后如图所示。针目从棒针上取下，从右边的针目中引拔抽出。

5 完成1针收针后如图所示。重复步骤3~4，收针至末端。将线头处理（见P151）到反面。

引拔收针（上针）

1 钩针从外侧插入顶端的针目中。

2 按照上针的要领，在钩针上挂线从针目中引拔抽出。

3 针目从棒针上取下。

4 钩针插入下一个针目中，挂线后从棒针上取下针目，引拔穿过所有的线圈。

5 完成1针收针后如图所示。重复步骤4，收针至末端。将线头处理（见P151）到反面。

线头的处理方法

1 编织终点留出20cm左右的线后再剪断。

2 编织终点的线圈挂到手指上，捏住线头。

线头

3 线头从编织终点的针目中穿过。

4 拉紧线。

5 留出15cm的线头，穿入毛线缝针中。

6 毛线缝针插入顶端的针目中，线从下方穿过，拉紧。穿过数针。

7 再次向上穿，拉紧线。

8 剪断线。

手工编织小·贴士

编织终点的收针方法有很多种，具有代表性的是伏针收针，方便简单，适用于很多编织方法。而罗纹针编织中所使用的罗纹针收针法具有伸缩性，更漂亮，但难度稍微大一些。对于初学者来说，掌握伏针收针法就可以了。不过收针的位置没有延展性，针目可以稍微松弛一些。

伏针收针与罗纹针收针的区别

伏针收针后如图所示。

罗纹针收针后如图所示。

单罗纹针收针
（顶端2针下针）

使用毛线缝针收针的方法，完成后很漂亮。收针用的线长度约为收针部分长度的4倍。

I	–	I	–	I	–	I	–	I	–	I
I	–	I	–	I	–	I	–	I	–	I
I	–	I	–	I	–	I	–	I	–	I
I	–	I	–	I	–	I	–	I	–	I
I	–	I	–	I	–	I	–	I	–	I

1 毛线缝针穿上线后，从外侧插入顶端的2针下针中。

2 拉紧线，从第1针（下针）的内侧插入毛线缝针，然后将第1针和第2针（下针）从棒针上取下。

3 毛线缝针再从第3针（上针）内侧穿过，拉紧线。

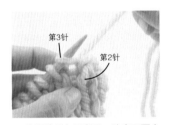

4 拉紧线后如图所示。注意不要太紧。

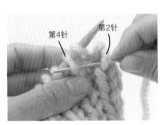

5 接着，收第2针（下针）和第4针（下针）。将毛线缝针从内侧插入第2针、从外侧插入第4针中。

6 拉紧线。

7 从外侧将毛线缝针插入第3针中，然后将第3针和第4针从棒针上取下。

8 从内侧将毛线缝针插入第5针中（上针）。

9 拉紧线。重复步骤5~9，继续往下缝，缝出连续的罗纹针针目。

10 毛线缝针插入行间最后的针目中。

11 从外侧将毛线缝针插入顶端的第2针上针中，拉紧线后从棒针上取下针目。

12 从内侧将毛线缝针插入最后的针目中。

13 拉紧线。将线头处理（见P151）到反面。

14 收针完成后如图所示。

手工编织·小·贴士

●用罗纹针收针时，要让缝出的针目不显眼，看起来像连续锁针的话，毛线缝针插入针目的方向非常重要。
●本书中从针目前侧向后侧插针的方法称为"从内侧插入"，从后侧向前侧插针的方法称为"从外侧插入"。

注意插入毛线缝针的方向和位置

从内侧插入

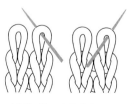

从外侧插入

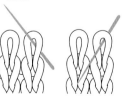

列出的2针虽然针尖方向不一样，但都是从同一侧插入毛线缝针的样子。

单罗纹针收针
（顶端1针下针）

第1针

1 收针用线的长度约为收针部分的4倍。将线穿入毛线缝针中，将针从外侧插入第1针（下针）中。

2 拉紧线，针目从棒针中取出。

第1针

3 从内侧将毛线缝针插入第2针（上针）中，然后从棒针上取下针目。

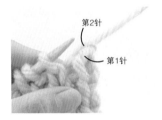

第2针
第1针

4 拉紧线，注意不要太紧。

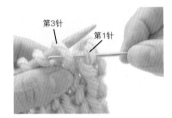

第3针
第1针

5 从内侧将毛线缝针插入第1针中，然后从外侧插入第3针（下针）中。

第3针
第2针
第1针

6 拉紧线，从外侧将毛线缝针插入第2针（上针）中，然后取下第3针。

第4针
第3针
第2针

7 从内侧将毛线缝针插入第4针中（上针），取出针目后拉紧线。重复步骤5~7，收针至顶端。

手工编织小贴士

单罗纹针收针的挑针方法

单罗纹针收针中缝出的针目看起来像是罗纹针的延续，针目不显眼而且织片具有伸缩性。毛线缝针可按照右侧的插图，每隔半针返回进行挑针。插针的顺序是有规律的，方便记忆。但线不能太松也不能太紧，收针时要注意调整。

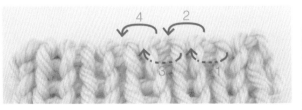

单罗纹针收针（圆环编织时）

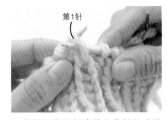

1 收针用线的长度约为收针部分的4倍，先将线穿入毛线缝针。将最终行起点的第1针（下针）移到棒针上。

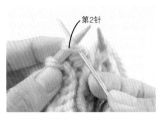

2 毛线缝针从内侧插入第2针（上针）中，拉紧线。

3 线拉到织片的外侧，移到右针上的第1针再移回左针。

4 毛线缝针从内侧插入第1针（下针）中，再从左针上取下针目。

5 毛线缝针从外侧插入第3针（下针）中，拉紧线。再将第2针从左针上取下。

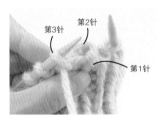

6 拉紧线，第2针（上针）从左针上取下后如图所示。同样也将第3针取下。

7 毛线缝针从外侧插入第2针中，然后从内侧插入第4针（下针）中，拉紧线。重复步骤5~7。

8 终点最后的内侧2针。从内侧将毛线缝针插入最后的下针中。

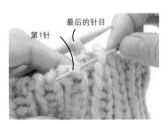

9 从外侧将毛线缝针插入编织起点的第1针（下针）中。

10 将毛线缝针从外侧插入编织终点最后的针目（上针）中，从左针上取下针目。

11 拉动线，缩紧针目。将线头处理（见P151）到反面。

155

双罗纹针收针

与单罗纹针收针的穿线方法不同，看图时要仔细确认。收针用线的长度约为收针部分的4倍，先穿入毛线缝针中。

1 编织完最终行后，从外侧将毛线缝针插入起点的2针（下针）中。拉紧线后将第1针和第2针从棒针上取下。

2 将毛线缝针从内侧插入第1针（下针）中。

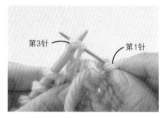

3 毛线缝针从内侧插入第3针（上针）中。

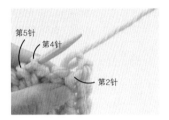

4 拉紧线，针目从左针上取下。

5 毛线缝针从内侧插入第2针中，跳过2针上针，再从外侧插入第5针（下针）中。

6 拉紧线，毛线缝针从外侧插入第3针中。

7 毛线缝针从内侧插入第4针（上针）中，然后将第4针从棒针上取下。

8 拉紧线。

9 毛线缝针从内侧插入第5针中。

第6针 第5针

10 第5针从棒针上取下，然后将毛线缝针从外侧插入第6针（下针）中，拉紧线。

第6针 第4针

11 毛线缝针从外侧插入第4针中，再从棒针上取下第6针。

第7针 第4针

12 毛线缝针从内侧插入第7针（上针）中，拉紧线，从棒针上取下第7针。重复步骤5~12，继续收针。

13 编织终点处收针。毛线缝针从内侧插入顶端的第2针（下针）中。

14 毛线缝针从外侧插入最后的针目（下针）中，再从棒针上取下。

15 毛线缝针从内侧插入顶端的第3针（上针）中。

16 拉紧线。

17 从内侧将毛线缝针插入最后的针目中。

18 拉紧线，将线头处理（见P151）到反面。

双罗纹针收针
（圆环编织时）

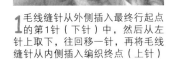

1 毛线缝针从外侧插入最终行起点的第1针（下针）中，然后从左针上取下，往回移一针，再将毛线缝针从内侧插入编织终点（上针）

2 拉紧线，毛线缝针插入第1针和第2针（下针）中。然后将毛线缝针从内侧插入第1针，从外侧插入第2针中，再从棒针上取下针目。

3 往回移2针，毛线缝针从外侧插入最后的针目（上针）中，从右针上取下。

4 毛线缝针从内侧插入第3针（上针）中，拉紧线。

5 接着用双罗纹针收针。参照P156步骤6~12，收针至编织终点倒数第5针处。

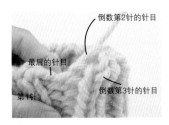

6 毛线缝针从外侧插入编织终点倒数第5针（上针）的位置。

7 从内侧将毛线缝针插入编织终点倒数第2针（上针）中。

8 拉紧线，针目从棒针上取下。

9 毛线缝针从内侧插入编织终点倒数第3针（下针）中，从外侧插入编织起点的第1针（下针）中。

10 毛线缝针从外侧插入编织终点倒数第2针（上针）中。

11 从内侧插入最后的针目（上针）中。

13 拉紧线，将线头处理（见 P151）到反面。

套 结

一般的打结方法，不易解开。可以用于各种绳带打结，简单方便。

1 两根线交叉。

2 左手捏住交叉部分，右手的线绕一圈，挂到左边的线头上。

4 与刚才绕好的线一起，用左手拿好。另一个线头用右手拿好，穿入圆环中，再从下方穿出。

5 穿出后如图所示。

5 左右手分别捏住两根线头，缩紧中央的线圈。

半 结

最简单的打结方法。太滑的线打结也有可能散开。

1 手拿两根线，绕成圆环。

2 线头从圆环中穿过，两根一起拉紧。

159

2-7 接缝方法、钉缝方法及其他

通常是使用编织起点的线，而且线的长度必须是接缝部分的4倍，但不超过60cm。

挑针接缝
（上下针编织逐一挑针）

衣服两侧与袖窿等一般采用的接缝方法。使用毛线缝针。

反面

看着织片正面进行接缝

1 接缝线从毛线缝针中穿过，将毛线缝针从反面插入起针中。接缝线长度为接缝部分的4倍。

2 将右侧织片顶端针目和下面2针间的渡线挑起。

3 拉紧线。

4 同样将左侧织片顶端针目和下面针目间的渡线挑起。

5 将左右两侧的织片中用同样的方法逐行交替挑起。

6 拉紧线，但不要太紧。

7 缝到末端后，将右侧的收针处挑起。

8 挑起左侧织片的收针，拉紧线，将线头处理（见P151）到反面。

挑针接缝（反上下针编织挑1针和半针）

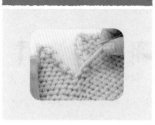

1 接缝线从毛线缝针中穿过。毛线缝针从反面插入起针中。

2 将右侧织片顶端针目和下面2针间的渡线挑起。

3 将左侧织片顶端针目间的渡线挑起。

4 重复步骤2~3，逐行交替挑起接缝。

5 拉紧线，但不要太紧。如此重复缝至末端。将线头处理（见P151）到反面。

挑针接缝（上下针编织挑半针）

1 将线头从毛线缝针中穿过，毛线缝针从反面插入起针中。

2 将右侧织片顶端针目间的渡线挑起。

3 再将左侧织片顶端针目间的渡线挑起。

4 左右织片交替，逐行挑起接缝。

5 拉紧线，但不要太紧。如此重复缝到末端。将线头处理（见P15）到反面。

161

挑针接缝
（挑1针单罗纹针）

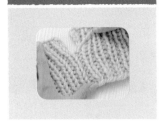

1 毛线从毛线缝针中穿过。将毛线缝针从反面插入起针中（左侧的织片是顶端2针下针的单罗纹针）。

2 将右侧织片顶端针目和下面针目间的渡线挑起。

3 将左侧织片顶端针目和下面针目间的渡线挑起。

4 按同样方法，将左右织片逐行交替挑起接缝。

5 拉紧线，但不要太紧。如此重复，缝至末端。线头处理（见P151）到反面。

挑针接缝
（挑1针双罗纹针）

1 线从毛线缝针中穿过，将针从反面插入起针中。

2 将右侧织片顶端针目和下面针目间的渡线挑起。

3 将左侧织片顶端针目和下面针目间的渡线挑起。

4 按照同样的方法，将左右织片逐行交替挑起接缝。

5 拉紧线，但不要太紧。如此重复缝至末端。将线头处理（见P151）到反面。

挑针接缝（从减针中挑针）

其他部分是1针，仅减针的部分挑半针

1 线从毛线缝针中穿过。将毛线缝针从反面插入起针中，然后将左右两侧织片顶端的针目和下面针目间的渡线交替挑起。

2 将织片减针处下一行左右顶端针目间的渡线挑起。

3 织片的减针行。这里将内侧顶端的针目与下面针目间的渡线挑起。

4 左右两侧织片都按同样的方法将渡线挑起。

5 拉紧线。如此重复，接缝减针部分。

挑针接缝（从加针中挑针）

其他部分是1针，仅加针的部分挑半针

1 线穿入毛线缝针中，将毛线缝针从反面插入起针中，然后将左右两织片顶端针目和下面针目间的线交替挑起。

2 左右两侧都将加针行顶端1针间的渡线挑起。

3 加针部分的下一行将左右两侧顶端针目和下面针目间的渡线挑起。

4 将加针部分的下一行的线挑起后如图所示。

5 拉紧线，但不要太紧。如此重复，将加针部分接缝。

挑针接缝（平针编织）

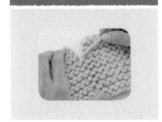

1 毛线缝针穿上线，从反面插入起针中。

2 将右侧织片顶端针目与下面针目间的渡线挑起。

3 将左侧织片上针行顶端1针间的渡线挑起。

4 将右侧织片末端针目和下面针目间的渡线、左侧织片顶端1针间的渡线交替挑起。

5 拉紧线，但不要太紧。每两行挑一次上针，如此重复，缝至末端。

挑针接缝（从编织终点开始接缝）

从领口开始接缝衣领时使用的技法。

1 线从毛线缝针中穿过。调转针目的方向，将毛线缝针从反面插入收针和罗纹针收针的针目中。

2 将图片内侧织片顶端针目和下面针目间的渡线挑起。

3 将左右两侧顶端针目和下面针目间的渡线挑起。

4 从2块织片中交替挑起接缝。

5 拉紧线，但不要太紧。如此重复缝至末端。

引拔接缝

另一侧

看着反面用钩针接缝的方法。织片没什么伸缩性，引拔抽线时不要太紧。常用于拼接袖子。

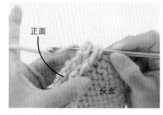

正面
反面

1 织片正面相对合拢，钩针插入第1行顶端的针目中，针上挂线。

2 从针上挂着的针目中引拔抽出。

3 将钩针插入下一行顶端针目和下面针目间。

4 针上挂线，从挂在钩针上的织片和步骤2的线圈中引拔抽出。

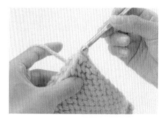

5 引拔抽出后如图所示。按此方法隔1~2行引拔接缝至末端。

引拔接缝（弧线）

正面

2块织片对齐，逐一缝好。

1 织片正面相对，按照上面"引拔接缝"的步骤1~5缝好。

2 加针行容易留出缝隙，要将钩针插入之前一行顶端针目的缝隙中，再引拔钩织。

3 加针行：钩针插入顶端针目和下面针目之间，引拔钩织。

4 如此重复，接缝至末端。

5 缝至加针行末端后如图所示。

袋状接缝

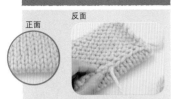

正面　反面

在领口、下摆等非罗纹编织的部分使用。从反面接缝。

1 线的长度约为接缝部分的3倍，穿入毛线缝针中。先穿入织片下端的针目中，然后将接缝位置顶端1针头针的线分开挑起。

2 挑起下端针目的半针。

3 将缝合位置下面一针的头针线分开挑起。

4 挑起下端针目的半针。

5 如此重复，缝至顶端。将线头处理（见P151）到反面。

袋状接缝（针目挂在针上时）

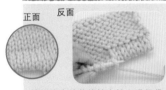

正面　反面

编织终点处将线挂在针上进行袋状接缝。接缝针目不会重叠，看起来整齐漂亮。

1 线的长度约为缝纫部分的3倍，穿入毛线缝针中。从外侧将棒针上的针目挑起。

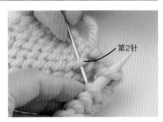

第2针

2 按照图示方法，将缝合位置顶端的针目和下面第2针的头针挑起。

3 从内侧将棒针上顶端的针目挑起，再从外侧挑起第2针，然后将第1针从棒针上取下。

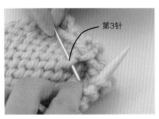

第3针

4 按照图示方法，将缝合位置步骤2中挑起的第2针的头针和第3针的头针挑起。

5 重复步骤3~4，缝至顶端。将线头处理（见P151）到反面。

上下针钉缝
（针目挂在针上时）

上下针看起来是相连的，用于缝合肩头。

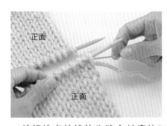

1 编织终点的线约为缝合长度的6倍，穿入毛线缝针中。从外侧将毛线缝针插入下面织片顶端的针目中。

2 毛线缝针从外侧插入上面织片顶端的针目中，拉紧。编织终点与编织终点缝合时要错开半针。

3 毛线缝针从内侧插入下方织片顶端的针目中，再从外侧插入第2针，然后将顶端的针目和第2针从棒针上取下。

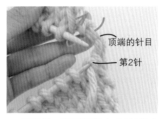

4 拉动线，将线圈缩小成1针的大小，注意不要拉太紧。

5 按照步骤4的方法，将针插入上面织片顶端的针目和第2针中。拉紧线，将顶端的针目和第2针从棒针上取下。

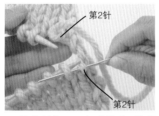

6 从内侧将下面织片的第2针挑起，然后从外侧将第3针挑起。

7 拉动线，将线圈缩小成1针的大小。重复步骤4~7，缝至织片顶端。

8 顶端缝合后如图所示。毛线缝针插入上面织片倒数第2针和最后一针中，拉紧线圈，从棒针上取出针目。

9 毛线缝针从内侧插入下方织片顶端的针目中，拉紧线后从棒针上取下针目。

10 将毛线缝针插入上方织片顶端的针目中。

11 缝合终点之后如图所示。将线头处理（见P151）到反面。

167

钉缝单侧收针织片的方法。织片没有伸缩性，用于缝合肩头等。

1 没有收针的那块织片在编织终点处留出线头，长度约为钉缝部分长度的6倍，剪断线后穿入毛线缝针中。将毛线缝针穿入最终行顶端的针目中。

2 用毛线缝针将上方织片顶端的半针挑起。编织终点与编织终点缝合时，错开半针。

3 从内侧将下方织片顶端的针目挑起，然后从外侧挑起第2针，拉紧线后从棒针上取下针目。

4 毛线缝针插入上方织片顶端的针目和第2针的半针中，拉紧线。线圈缩小成1针大小。

5 从内侧将下方织片顶端第2针挑起，再从外侧挑起第3针。重复步骤4~5，缝至末端。

6 缝至末端后如图所示。然后将毛线缝针插入上方织片倒数第2针和最后一针的半针中。

7 毛线缝针从内侧插入下方织片末端的1针中，拉紧线后从棒针上取下针目。

8 毛线缝针插入上方织片最后剩下的半针中，再拉紧线。

9 缝至顶端后如图所示。将线头处理（见P151）到反面。

上下针钉缝（收针与收针缝合时）

用于钉缝收完针的织片。没有伸缩性，常用于钉缝肩头等，但有一定厚度，不适合粗线。

1 编织终点留出线头，长度约为钉缝部分的6倍，剪断后穿入毛线缝针中。将毛线缝针从反面插入下方织片顶端针目的半针中。

2 毛线缝针再从反面插入上方织片最终行顶端针目的半针中。编织终点与编织终点缝合时，错开半针。

3 将下方织片顶端针目的半针和第2针的半针挑起。

4 将上方织片顶端针目的半针和第2针的半针挑起。

5 如此重复，缝至末端。拉动线，将线圈缩小成1针大小。将线头处理（见P151）到反面。

平针钉缝

缝合平针编织的织片时，采用这种方法针脚不显眼。

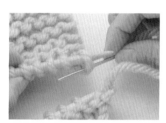

1 编织终点留出线头，长度约为钉缝部分的6倍，剪断后穿入毛线缝针中。将毛线缝针插入上方织片顶端的针目中。

2 毛线缝针从内侧插入下方织片顶端的针目中，接着从外侧插入第2针，拉紧线后从棒针上取下针目。

3 从下往上，将毛线缝针插入上方织片顶端的针目中。

4 按照图示方向，将毛线缝针插入第2针中，拉紧线后从棒针上取下针脚。线圈缩小成1针大小。

5 如此重复，缝至末端。将毛线缝针插入最后剩下的半针中，拉紧线。将线头处理（见P151）到反面。

引拔钉缝

用钩针从反面钉缝的方法。织片没有伸缩性，缝合整齐，一般用于肩部的缝合。使用编织终点的线。

反面的钉缝针脚形成1行，如果介意厚度，则不建议采用此方法。

正面

1 织片正面相对合拢，钩针从内侧插入2块织片顶端的针目中，从棒针上取下。注意不要拧扭针目。将编织终点的线挂到钩针上，从针目中引拔抽出。

2 引拔抽出后如图所示。按照步骤1的箭头所示，将钩针从内侧插入下面的针目中。

3 从内侧插入钩针。

4 将钩针从内侧插入外侧织片的下一针中。

5 将针目从左针上取下，钩针上挂线，引拔穿过所有的线圈。

6 引拔抽出后如图所示。如此重复，缝至末端。

7 钉缝完成后如图所示。末端的针目也按同样的方法，用钩针引拔钩织。

8 引拔钩织后如图所示。

9 留出20cm的线头，穿入最后的针目中，拉紧。将线头处理（见P151）到反面。

盖针引拔钉缝

使用钩针从反面钉缝的方法。钉缝的针目比引拔针钉缝的针目多出1针，更柔软。使用编织终点的线。

正面

正面
反面

1 织片正面相对合拢，钩针从内侧插入2块织片顶端的针目中，再从棒针上取下针目，注意不要拧扭针目。然后将钩针外侧的针目从内侧的针目中引拔抽出。

2 引拔抽出后如图所示。

3 将编织终点的线挂到钩针上，引拔钩织。

4 引拔钩织后如图所示。然后将钩针插入下面的针目中。

5 从棒针上取下，将外侧的针目从内侧的针目中引拔抽出。

6 引拔钩织后如图所示。

7 钩针上挂线，引拔穿过针上的所有线圈。

8 引拔钩织后如图所示。如此重复缝至顶端。将线头处理（见P151）到反面。

用此方法钉缝的上下针，看起来是相连的。线的长度约为钉缝部分的4倍。

1 编织终点留出线头，长度约为钉缝部分的4倍。

2 按照图示方法，将毛线缝针插入上方织片顶端的针目中。

3 从外侧将下方织片顶端的针目挑起，然后从内侧将第2针挑起。

4 拉紧线，针目从棒针上取下。

5 按照图示方法，将毛线缝针插入上方织片顶端的1针中。

6 按照图示方法将毛线缝针插入第2针中，拉紧线后将针目从棒针上取下。线圈缩小成1针大小。

7 毛线缝针从外侧插入下方织片的第2针中。

8 毛线缝针从内侧插入第3针中。重复步骤5~8，缝至末端。

9 钉缝完成后如图所示。毛线缝针插入上方织片顶端的针目中。将线头处理（见P151）到反面。

针与行钉缝

袖子与衣身拼接时使用的方法。针数与行数是不一样的，因此钉缝前要用珠针固定，之后再钉缝。

行

针

1 编织终点留出线头，长度约为钉缝部分的4倍，剪断后穿入毛线缝针中。毛线缝针从外侧插入棒针顶端的1针中，拉紧线后从棒针上取下针目。

2 将毛线缝针从反面插入钉缝织片起针的反面。

3 毛线缝针从内侧插入下方织片顶端的针目中。

4 接着将毛线缝针从外侧插入第2针中。

5 拉紧线，针目从棒针上取下。线圈缩小成1针大小。

6 将上方织片顶端针目与下一针之间的渡线挑起，共2行。

7 拉紧线。

第2针　第3针

8 毛线缝针从内侧插入第2针中，再从外侧插入第3针中。

9 拉紧线，从棒针上取出针目。重复步骤6~9，缝至顶端。将线头处理（见P151）到反面。

纽扣眼的制作方法

用另线将针目拉开，制作出纽扣眼。编织完成后可以随意在任何位置制作，但不适用于大纽扣。线太粗的作品可以选用细一些的线。

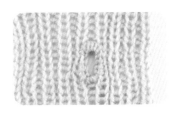

1 留出40cm左右的线，剪断后穿入毛线缝针中。将毛线缝针插入制作纽扣眼的位置。

2 上下移动针，拉紧织片，不要剪到针目线，慢慢将针目拉开。

3 从反面穿入毛线缝针。

4 留出15cm左右的线头并将其拉出，毛线缝针插入下面3行的针目中，然后从孔中穿出。

5 线挂到针尖，引拔抽出。

6 拉紧后如图所示。拉动线将3行缩紧，形成孔状。在同一位置按照步骤5~6的方法重复3次。

7 如此重复的同时，移到左侧。

8 纵向的部分每行绣1次。

9 绕一周后如图所示。将毛线缝针插入刺绣起点的针目中。将线头处理（见P151）到反面。

上下针刺绣

从编织完成的织片上方沿上下针进行刺绣。看起来如嵌入花样一般，但比嵌入花样更简单。

1 留出60cm的刺绣线，剪断后穿入毛线缝针中。从反面插入刺绣针目的下方。

2 将上一行的1针挑起，插入针。

3 轻轻拉紧线。

4 将针插入步骤1中穿出针的位置，然后从相邻的针目中穿出。

5 拉紧线。绣完1针后如图所示。

6 重复步骤1~5，继续向左绣。

7 从右向左，绣出7针后如图所示。

8 纵向从下往上刺绣。在刺绣针目下方从反面抽出线，然后将上一行的1针挑起，插入毛线缝针。

9 毛线缝针插入穿出线的位置，如此重复向上刺绣。

用毛线缝针在顶端挑针的位置及插入钩针的位置

缝合时，毛线缝针穿过的位置和钩针插入的位置一般分为以下两种情况：1针——将针目与针目间的渡线挑起，半针——将每针间的渡线挑起。右侧插图标明了准确的位置。采用挑1针的方法，缝合的部分更结实，伸缩性小，一般用于缝合两侧、袖窿。如果采用挑半针的方法，缝合部分较薄，此时也可以使用粗线。

● 1针（将顶端针目和下面针目间的渡线挑起）

下针　　　　　　　　　上针

● 半针（将每针间的渡线挑起）

 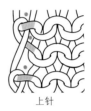

下针　　　　　　　　　上针

● 为插入钩针的位置

手工编织小·贴士

挑针要点

● 编织毛衣或开衫时，如果想在领口、前襟编织罗纹针，就需要进行"挑针"。所谓挑针，就是从暂休针或织片中将线引拔抽出，编织新针目。
● 从织片顶端的针目中挑针时（图A），棒针要插入收针下方的针目间，然后抽出线。如果是领口之类的弧形部分，挑针时则要注意中间不要留有缝隙。
● 从织片顶端行挑针时（图B），棒针要插入顶端针目和下面针目之间，然后抽出线。不一定每行都要挑，但需按照编织方法，注意整体平衡进行挑针。

图A

从顶端的针目开始挑针。在图中标记处入针，挂上线后从前边抽出。

图B

从行开始挑针。在图中标记处入针，挂上线后抽出。

第三章
**手工编织的衣物
和小物件**

"编织方法"页面的使用说明

"编织方法"页面中,包括必要的材料和用具、尺寸、编织方法图。编织方法图分为整体图和符号图,先从整体图开始,依次确认编织方法、颜色、编织方向、收边编织的位置等,然后参照符号图开始编织。

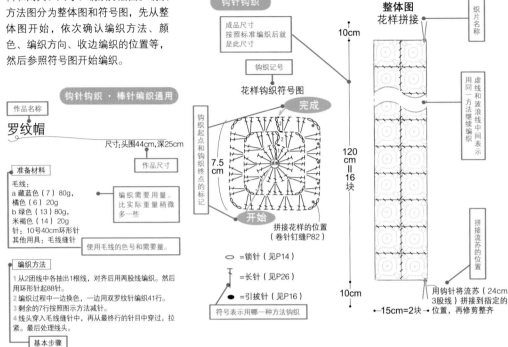

钩针钩织·棒针编织通用

作品名称

罗纹帽

尺寸:头围44cm,深25cm

作品尺寸

准备材料

毛线
a 藏蓝色(7)80g,
橘色(6)20g
b 绿色(13)80g,
米褐色(14)20g
针:10号40cm环形针
其他用具:毛线缝针

使用毛线的色号和需要量。

编织方法
1 从2团线中各抽出1根线,对齐后用两股线编织。然后用环形针起88针。
2 编织过程中一边换色,一边用双罗纹针编织41行。
3 剩余的7行按照图示方法减针。
4 线头穿入毛线缝针中,再从最终行的针目中穿过,拉紧。最后处理线头。

基本步骤

钩针钩织

成品尺寸
按照标准编织后就是此尺寸

钩织记号

花样钩织符号图

钩织起点和钩织终点的标记

编织需要用量。比实际重量稍微多一些

完成

开始

拼接花样的位置
(卷针钉缝P82)

◯ =锁针(见P14)
┼ =长针(见P26)
● =引拔针(见P16)

符号表示用哪一种方法钩织

标有整体形状、钩织起点的位置、编织方法

整体图
花样拼接

织片名称

10cm

用虚线和波浪线中间表示

120cm=16块

用同一方法继续编织

拼接流苏的位置

10cm

用钩针将流苏(24cm 3股线)拼接到指定的位置,再修剪整齐

←15cm=2块→

棒针编织

成品
留出100cm线头后剪断,线头穿入最终行的针目中,拉紧

标明成品尺寸和最后的整理方法

25cm

44cm

完成

成品尺寸
按照标准编织后就是这个尺寸

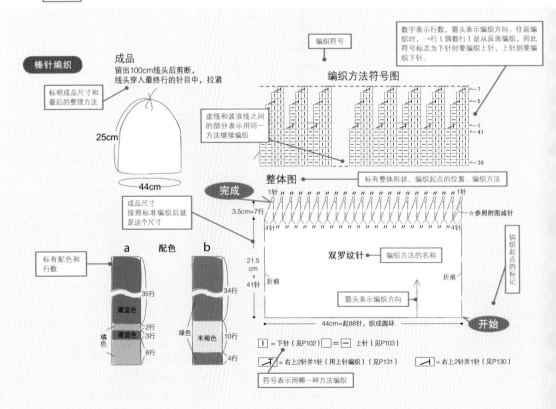

编织符号

数字表示行数,箭头表示编织方向。往返编织时,一行(偶数行)是从反面编织,因此符号标志为下针时要编织上针,上针则要编织下针

编织方法符号图

虚线和波浪线之间的部分表示用同一方法继续编织

整体图

标有整体形状、编织起点的位置、编织方法

☆参照附图减针

3.5cm=7行

钩织起点的标记

双罗纹针

编织方法的名称

折痕

折痕

21.5cm=41针

箭头表示编织方向

44cm=起88针,织成圆环

开始

标有配色和行数

a   配色   b

藏蓝色   35行
橘色   藏蓝色   2行
藏蓝色   3行
橘色   8行

绿色   34行
米褐色   10行
绿色   4行

∣ =下针(见P102)   □ = — =上针(见P103)

=右上2针并1针(用上针编织)(见P131)   =右上2针并1针(见P130)

符号表示用哪一种方法编织

178

■钩针钩织

花样围巾

四方形花样拼接而成的简单围巾，婉约典雅极具魅力。所有花样编织完成后再用简单的卷针缝拼接即可。

设计·制作\美香、优香

钩织方法\P180

花样围巾

见P179\尺寸：宽15cm，长120cm（流苏除外）

准备材料

毛线：本白色（61）160g

针：6\0号钩针

其他用具：毛线缝针

标准织片：边长7.5cm的正方形\1块花样

钩织方法

1 从圆环起针开始编织（见P17），编织32块正方形花样。

2 用卷针缝钉缝的方法拼接（见P82）。先纵向各拼接16
块，形成两个条状。然后横向将每2块拼接。

3 拼接流苏（见P45）。

整体图
花样拼接
（花样32块）

10cm

120cm
=
16块

10cm

←—15cm=2块—→

用钩针将流苏（24cm
3股线）拼接到指定位
置，修剪整齐

花样钩织方法符号图

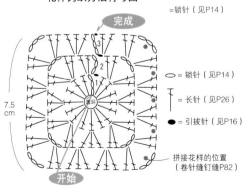

完成

7.5
cm

开始

＝锁针（见P14）

○＝锁针（见P14）

†＝长针（见P26）

●＝引拔针（见P16）

拼接花样的位置
（卷针缝钉缝P82）

180

■棒针编织

罗纹帽

运动型罗纹帽，最基本的针织帽。
各年龄阶段、男女都适合的款式。
用环形针从下边起一圈圈往上编织
即可，推荐初学者编织。

设计·制作\及川真理子

编织方法\P182

罗纹帽

P181\尺寸：头围44cm，深25cm

准备材料

毛线：a 藏蓝色（7）80g，橘色（6）20g

b 绿色（13）80g，米褐色（14）20g

针：10号40cm环形针

其他用具：毛线缝针

标准织片：边长10cm的正方形\20针×19行

编织方法

1 从2团线中各抽出1根线，对齐后用两股线编织。

  然后用环形针织88针，线挂到手指上起针（见P92~93、P101）。

2 编织过程中一边换色（见P140），一边用双罗纹针（见P109）
  编织41行，织成圆环。

3 剩余的7行按照图示方法减针（见P131）。

4 线头穿入毛线缝针中，再从最终行的针目中穿过，拉紧。
  最后将线头处理（见P151）到反面。

成品

留出100cm的线头，
剪断后从最终行的针
目中穿过，拉紧

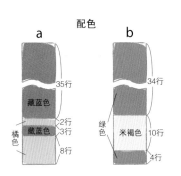

25cm

44cm

整体图

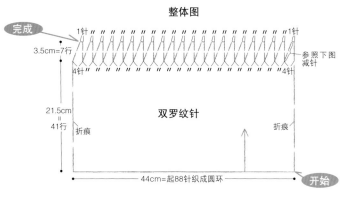

完成

1针 ～ 1针

3.5cm=7行

4针 ～ 4针

参照下图减针

21.5cm
=
41行

折痕   双罗纹针   折痕

44cm=起88针织成圆环

开始

编织方法符号图

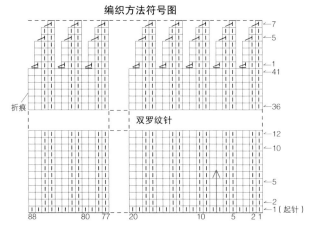

折痕

双罗纹针

7
5
1
41
36
12
10
5
2
1（起针）

88 80 77   20   10   2 1

配色

a   b

35行   34行

藏蓝色

藏蓝色   2行   绿色   米褐色   10行
橘色   3行
          8行   4行

$\boxed{I}$ =下针（见P102） $\boxed{}$ = $\boxed{-}$ =上针（见P103）

$\boxed{\diagdown}$ =右上2针并1针（上针）（见P131） $\boxed{\diagup}$ =右上2针并1针（见P130）

■棒针编织

细条纹套头衫

基本的高领套头衫。编织细条纹时不用剪断线，行数也容易数。虽然是男士的尺寸，用细线编织则最后成品的尺寸会小一些。

设计·制作\美香、优香

编织方法\P184

细条纹套头衫

P183\尺寸：胸围104cm，衣长64.5cm，袖长86cm

准备材料

毛线：米褐色（42）6团，混色（47）4.5团，

本白色（41）5团

针：11号带头棒针2根，11号棒针4根，6\0号钩针

其他用具：毛线缝针

标准织片（上下针编织）：边长10cm的正方形\16针×22行

编织方法

1 用另线起针（见P94）后开始编织，后身片、前身片、
　袖子都编织横条花样（见P140）。

2 将另线编织的针目拆开（见P95），按照指定的配色在
　后身片、前身片的下摆、袖口处编织单罗纹针（见P109）。

3 引拔钉缝衣身肩部（见P170），两侧挑针接缝（见P160）。

4 从领口挑针（见P176），用圆环针编织衣领。

5 袖窿挑针接缝（见P163）。

6 袖子引拔针接缝（见P165）拼接。

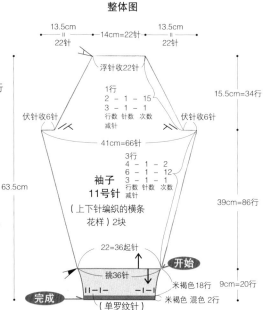

整体图

13.5cm　14cm=22针　13.5cm
22针　　　　　　　　22针

浮针收22针

1行
2－1－15
3－1－1
行数 针数 次数
减针

伏针收6针　　　　　伏针收6针

15.5cm=34行

41cm=66针

袖子
11号针
（上下针编织的横条
花样）2块

3行
4－1－2
6－1－12
3－1－1
行数 针数 次数
减针

63.5cm

39cm=86行

22=36起针

开始

挑36针

米褐色18行
米褐色 混色 2行

完成

||－|－|　　－|－|
（单罗纹针）

9cm=20行

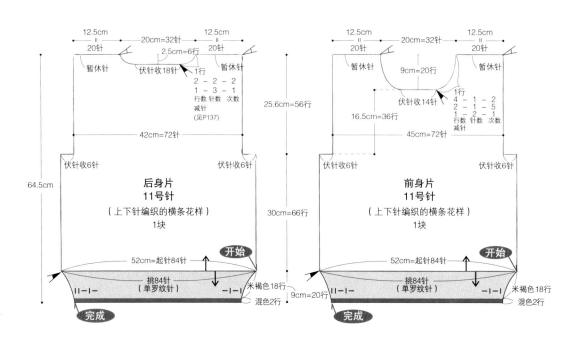

12.5cm　20cm=32针　12.5cm
20针　　2.5cm=6行　20针

暂休针　伏针收18针　暂休针

1行
2－2－2
1－3－1
行数 针数 次数
减针
（见P137）

25.6cm=56行

42cm=72针

伏针收6针　　　　　伏针收6针

后身片
11号针
（上下针编织的横条花样）
1块

64.5cm

52cm=起针84针

开始

挑84针
（单罗纹针）

||－|－|　　－|－|

完成

米褐色18行
混色2行
9cm=20行

12.5cm　20cm=32针　12.5cm
20针　　　　　　　　20针

暂休针　9cm=20行　暂休针

1行
4－1－2
1－2－1
行数 针数 次数
减针

伏针收14针

16.5cm=36行

45cm=72针

伏针收6针　　　　　伏针收6针

前身片
11号针
（上下针编织的横条花样）
1块

30cm=66行

52cm=起针84针

开始

挑84针
（单罗纹针）

||－|－|　　－|－|

完成

米褐色18行
混色2行
9cm=20行

184

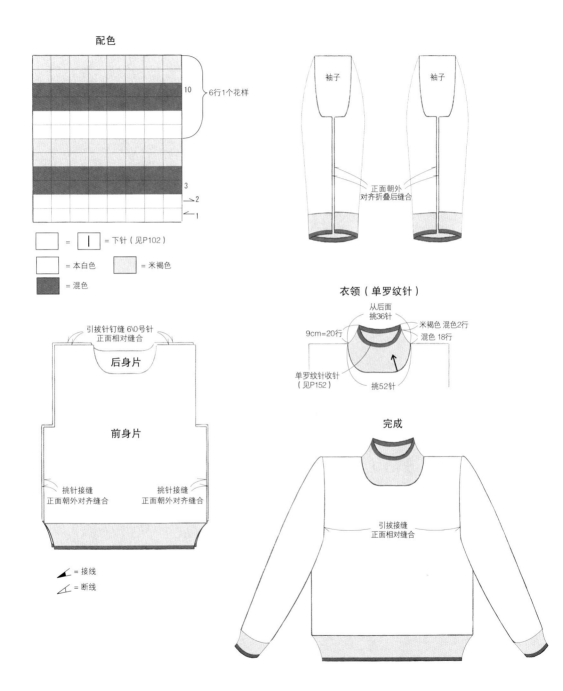

配色

10 } 6行1个花样

3
→2
→1

□ = | = 下针（见P102）

□ = 本白色　□ = 米褐色

■ = 混色

袖子　　袖子

正面朝外
对齐折叠后缝合

衣领（单罗纹针）

从后面
挑36针

9cm=20行　米褐色 混色2行
混色 18行

单罗纹针收针
（见P152）

挑52针

引拔针钉缝 6\0号针
正面相对缝合

后身片

前身片

挑针接缝　　　　挑针接缝
正面朝外对齐缝合　正面朝外对齐缝合

✔ = 接线

✔ = 断线

完成

引拔接缝
正面相对缝合

185

■钩针钩织

花样拼接短衫

成熟又不失可爱的雏菊花样短衫，
边钩织花样边进行拼接（见P86），
再搭配完美的收边钩织，清新别
致。钩织领口和下摆的同时进行收
边钩织。

设计\美香、优香
制作\山本静
钩织方法\P188

■棒针编织

镂空花样开衫

易搭配的春色开衫。前身片和袖子
处加入镂空花样,领口和前襟用钩
针收边,整体散发着浪漫气息。

设计·制作\美香、优香
编织方法\P190

花样拼接短针

P186\尺寸：衣长50cm，袖长59cm

准备材料

毛线：米褐色（502）4团，
粉色（509）8团
针：4\0号钩针
其他用具：毛线缝针
标准织片：花样1块\边长6cm的正方形

编织方法

1 圆环起针（见P17）后开始钩织花样。
按照衣身1~90的顺序一边钩织到花样
的最终行，一边进行拼接（见P86）。
☆和★处也分别进行拼接。

2 从袖口、领口、下摆处进行收边钩织。

整体图（衣身）
花样拼接（90块花样）

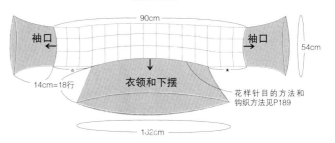

第1块	2	3	4	5	6	7	8	9	10	11	12	13	14	15
16	17	18	19	20	21	22	23	24	25	26	27	28	29	30
31	32	33	34	35	36	37	38	39	40	41	42	43	44	45
46	47	48	49	50	51	52	53	54	55	56	57	58	59	60
61	62	63	64	65	66	67	68	69	70	71	72	73	74	75
76	77	78	79	80	81	82	83	84	85	86	87	88	89	90

36cm=6块

90cm=15块

★与★
☆与☆ 拼接

（收边钩织）

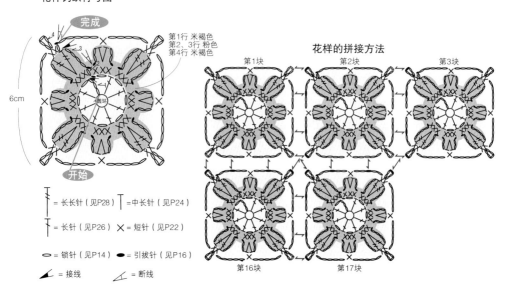

90cm
54cm
袖口
袖口
衣领和下摆
14cm=18行
102cm
花样针目的方法和
钩织方法见P189

花样钩织符号图

完成

6cm

第1行 米褐色
第2、3行 粉色
第4行 米褐色

开始

= 长长针（见P28）   = 中长针（见P24）

= 长针（见P26）   × = 短针（见P22）

= 锁针（见P14）   ● = 引拔针（见P16）

= 接线   = 断线

花样的拼接方法

第1块   第2块   第3块

第16块   第17块

收边钩织符号图

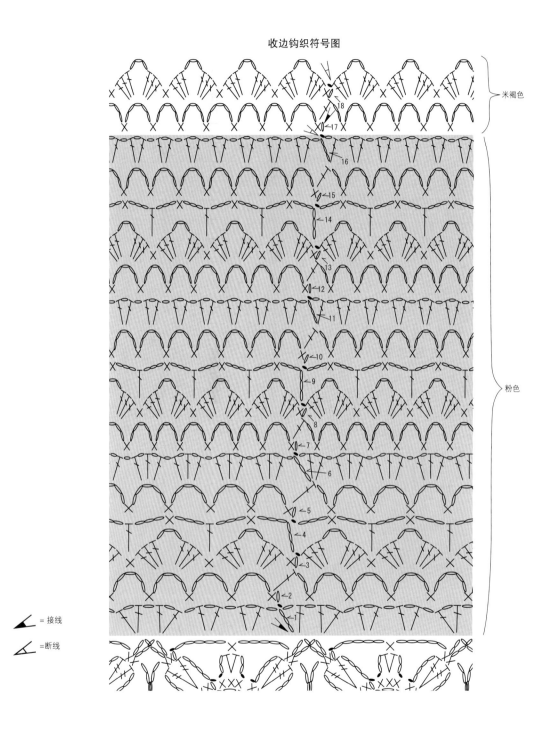

米褐色

粉色

= 接线

=断线

189

镂空花样开衫

P183\尺寸：胸围93cm，衣长55.5cm，袖长约73cm

准备材料

毛线：有机棉（103）黄色 13团

针：带头6号棒针2根 4\0号钩针

其他用具：毛线缝针，直径1.8cm的纽扣7颗

标准织片（花样编织）：边长10cm的正方形\20针×30行

编织方法

1 手指上挂线起针（见P92）后开始编织，在后身片、右前身片、左前身片、袖子处进行上下针编织和花样编织。

2 引拔钉缝（见P170）衣身肩部，挑针接缝（见P160）两侧。

3 挑针接缝（见P163）袖窿。

4 引拔接缝（见P165）拼接袖子，然后在袖口、领口、前襟、下摆处进行收边编织。

5 缝上纽扣。

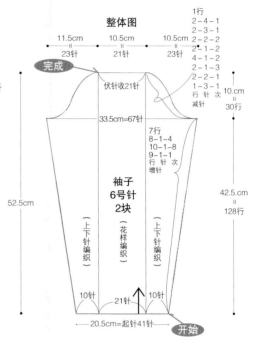

整体图

袖子 6号针 2块

（上下针编织）（花样编织）（上下针编织）

11.5cm 23针 / 10.5cm 21针 / 10.5cm 23针

伏针收21针

33.5cm=67针

52.5cm

10针 21针 10针

20.5cm=起针41针

开始

1行
2-4-1
2-3-1
2-2-2
2-1-2
4-1-2
2-1-3
2-2-1
1-3-1
行 针 次
减针

10cm 30行

7行
8-1-4
10-1-8
9-1-1
行 针 次
增针

42.5cm 128行

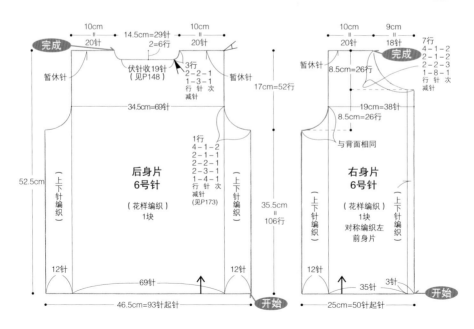

后身片 6号针

（花样编织）1块

（上下针编织）（上下针编织）

10cm 20针 / 14.5cm=29针 2=6行 / 10cm 20针

完成

暂休针 暂休针

伏针收19针（见P148）

34.5cm=69针

3行
2-2-1
1-3-1
行 针 次
减针

1行
4-1-1
2-1-1
2-1-1
2-3-1
1-4-1
行 针 次
减针（见P173）

52.5cm

35.5cm=106行

17cm=52行

12针 69针 12针

46.5cm=93针起针

开始

右身片 6号针

（花样编织）1块 对称编织左前身片

（上下针编织）（上下针编织）

10cm 20针 / 9cm 18针

暂休针 完成

8.5cm=26行

19cm=38针

8.5cm=26行

与背面相同

7行
4-1-2
2-1-2
2-2-3
1-8-1
行 针 次
减针

12针 35针 3针

25cm=50针起针

开始

190

花样编织符号图

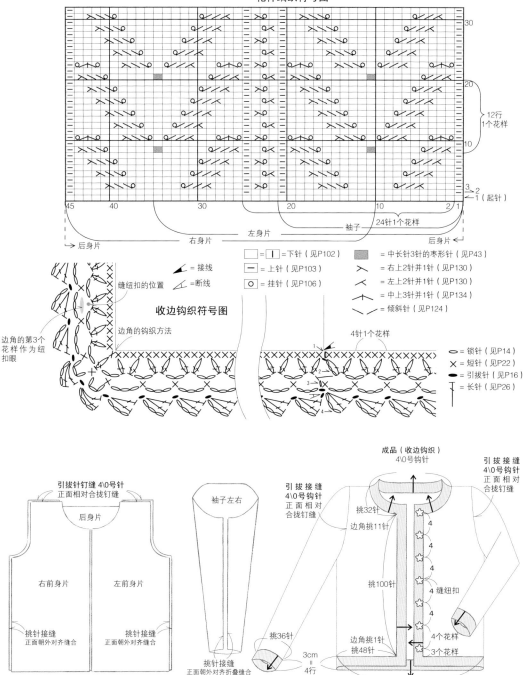

191

针法符号速查表

钩针钩织